盘盘

30%谈判学　　　　70%心理学

100%帮你盘个明白

　　看似黑白对立的世界中，我们无时无刻不在面临灰色难题，我们在其中自我拉扯，最终作出或正确或错误的决定。

　　这些问题充满矛盾与冲突，它们发生在我们生活中的时时刻刻，但是我们却毫不自知。我们变得什么都想要，但是无法平衡，进而焦虑异常。

　　从错误的决定过渡到激进的情绪与偏差的人生，即所谓的人生下下签；从正确的决定进化到通透的思维与明确的人生，即所谓的人生上上签。

　　找寻你的人生之签，并不代表拥有如何生存的正确答案，而是意味着找到你的生活主基调，发现合适的答案和解法，拥抱自在从容的你。

人生之签

30个常见而又不自知的心理问题

盘盘 著

江苏凤凰文艺出版社
JIANGSU PHOENIX LITERATURE AND
ART PUBLISHING

人，不会一直倒霉吧？

想要快速成功和避免磨难的人，往往会经历更多挫折和伤痛，最终你还是要找回生命里最质朴的部分——付出，包容和爱。

一个人无欲的时候大概就是，对于情感和生活不再强求，淡然看待过往的经历，好的坏的都是因果。

过分追求生存竞争，
就像忙不迭寻找出口的老鼠，
寻找出口的过程就是错过机遇的过程，
一个太忙碌的人，
是无法看到生命的指引的。

要善于找到适合自己的方向，扬长避短，非要在不适合自己的领域寻找存在感，只会不停地内耗。

不用时刻思考如何证明自己，才是真正的智者。

小作怡情，

大作伤身，

狂作就散了吧，

看着都累。

说起我的经历算是简单又有点奇妙，目前的人生中，花了一半的时间在读书和看世界，另一半的时间用来表达对世界的理解和喜爱。

　　18 岁的我选择去法国留学，学习的专业是谈判学。

　　在一次实战收购的谈判实习之后，研究生导师对我说："盘盘，我觉得你不适合这个专业，你不喜欢输，但好像也没有那么想赢。你更在乎的是交流本身，是人与人相互理解的过程。"

　　这句话几乎改变了我的一生。

　　我开始不断地思考：是啊，我到底喜欢的和擅长的是什么呢？

　　回国之后我决定学习心理学，并在 2017 年开始接触自媒体。

　　那时候懵懵懂懂，给自己立下了一个目标：每天坚持发 10 篇微博，把想说的话都说出来。

　　写着写着，从无人问津，到开始有了关注度。

　　写着写着，有了自己的小团队。

　　写着写着，得到了越来越多的认同和支持。

　　直到现在，我终于可以说：是的，我是一名自媒体人，一名咨询师。

　　由于工作性质的原因，每天我都会听到很多很多的故事。要面对很多人的烦恼。我在尽我所能去解决他们的困惑，在这个过程中也在面对自己。

还记得某一次咨询结束，我和咨询者对彼此说了5分钟"谢谢"。在治愈他的过程中，我也治愈了曾经的自己。

有些话看起来是说给别人听的，实际上也在说给自己听。

终于在今年，我下定决心写一本书。

不仅仅是想出一本具有实用性与探讨性的书，更多的是记录和分享一些我经历过的咨询案例，以及对于生活的感悟和反思。在每一节篇首，我都给出了两个关键词，正是我们面对问题时的两个选择方向。

2021年，我遇见了我的合伙人李洋洋，多了一个身份，成了一名创业者，创立了新消费品牌——咔咔拌。

未来会面临什么我不得而知，一定不会那么好，也一定没有那么糟。不断面对生活的考验，以及不断在考验里成长，也许才是生活的全貌。

感谢所有支持我的朋友们，王盘盘还在成长。每个人都是一座孤岛吗？人生不存在真正的感同身受吗？

也许是的。

如果能在某一瞬间相互理解，哪怕只有一瞬间，对我们来说，也是幸福的吧。所以如果大家能在我的书中收获一点点理解和共鸣，已经是我能想到的最温暖的事了。

王盘盘 2021 年 于北京

"自我"
到底是什么概念?

我们本能地把自己的身份、地位、外界的标签当成自我。事实上,这些所谓的自我标签没有一个是真实的,而且还会在我们追求自我的过程中把我们的灵性掩埋了。

很多人不快乐,可能是因为没有挣到钱,没有获得想要的社会地位,没有与想要的人在一起,所以自我的认同感和幸福感不强烈。

实际上,这些社会性的自我越被放大,我们的精神世界就越脆弱,也就阻碍了我们找到真正的自我。

篇章 I

◇ 归 属 ◇

篇章 II

◇ 人生目的 ◇

篇章 III

矛盾

篇章 IV

◇ **爱** ◇

篇章 I

——

归属

人都要学会独自承担自己最脆弱的部分，

习惯依赖也须面对独立，

过于警惕也须交付信赖，

总是独行也须加入群体。

没有能逃避的课，

也没有能侥幸过的关。

轻松应对
好为人师的长辈

过度控制 ∽ 尊重他人

✡ ✡ ✡

　　每个人都是独立的个体，由于思维习惯、生活方式等各方面的差异，即使是每天朝夕相处的家人之间也不免产生小摩擦。生活中一些摩擦产生的原因是有些长辈好为人师，总是把自己的意志强加于晚辈身上。他们认为，"我的看法就是对的，我当年做错了，所以把经验和教训都告诉你，不想让你重走我的老路；你听我的肯定不会错，我肯定不会害你，这么做都是为你好"。相信很多为人子女的人，或多或少都听过长辈说这些话。

　　我们心里清楚，长辈是世界上最有理由无条件爱我们的人，但在和一些长辈相处时，能明显感觉到他们凌驾于我们之上、不考虑我们感受的气势。很多时候我们要么和长辈大吵一架，要么懒得争辩，闷声不吭，回房关门以示不满。但是，这两种方式都解决不了问题，还会使得双方心里都不舒服，容易造成家庭冷战。

这种现象可以用社会心理学中的优越感这一概念来解释。优越感就是个体认为自己在某方面强于别人而产生的一种自满或蔑视他人的心理状态。在家庭关系中，有些父母似乎总喜欢为孩子做决定，难道是因为孩子在思考能力方面有缺陷吗？并非如此，而是因为他们把孩子看成自己的私有物品，认为"你的生活怎么过由我说了算，不管对不对，反正我觉得对，你就按这样来"。

"孩子还小"是某些长辈的惯用说辞，在他们眼里孩子永远是孩子，是长不大的。其实，长辈和孩子良好交流的前提是平等，双方应该像朋友一样敞开心去交谈，引导孩子解决问题而不是替他们解决问题。只要孩子最后的决定不是太离谱，那就放手让他去做，就算遭遇挫折那也是成长。

"好为人师"中的人师不是指学校里专门教授知识的老师，而是指自以为是、喜欢把自己的思想强加给别人的人。他们这么做并不是真正想给他人提建议，而是在享受高于他人的优越感。或许是对自己太过自信而产生自负心理，觉得天下之大唯我独尊，不把别人放在眼里；或许是太过自卑，在比自己强的人面前虚荣心无法得到满足，所以对稍弱于自己的人就展示出强势的一面，渴望得到他人的认可和称赞。

面对不同类型的好为人师的长辈，我们该怎样做才能不伤家庭和气又能化解问题？

第一类：高自尊型长辈。这类长辈好面子，不希望自己的建议被否定。对于这类长辈，千万不要直接对他们说"不"，否则当场就要爆发"家庭大战"。

面对这类长辈，身为孩子的我们要理解他们的脾性，不要过于直接地打断或拒绝，而是要与他们心平气和地交谈，用具有逻辑性和说服力的语言表达我们的想法，他们会理解的。需要注意的是，不管长辈在交谈过程中表现得多么盛气凌人，我们都要把控好自己的情绪，否则一旦烧起这把"火"，就不那么容易灭了。

第二类，脆弱型长辈。这类长辈内心脆弱、柔软，很可能在成长过程中没有受到自己父辈足够的支持，所以会反过来对晚辈干涉过多。面对这类长辈，要用柔和的方式与他们沟通，比如先不直接说事，从送个礼物、做顿晚饭开始。对这类长辈来说，氛围和方式比道理更重要。

案例：一位妈妈想给儿子报个假期英语辅导班，儿子不愿意，他早就跟朋友约好假期一起组乐队，搞音乐。儿子想了个两全其美的对策，既能满足妈妈的要求，自己还能开心地玩音乐。儿子语气温柔地跟妈妈说："妈妈，其实我跟几个好朋友上周就约好要一起搞音乐了。您经常教导我要有自己的兴趣爱好，还说会支持我，现在我发现自己喜欢音乐，想多多学习乐理知识，正好利用暑假时间，咱们不如报个乐器班吧。我也明白您给我报英语班是想提高我的英语成绩，我早就找班里英语好的朋友暑假一起学英语了，这样不仅省了报英语班的费用，而且还能学到我喜欢的乐理知识，这不是两全其美吗？"

这个男生了解自己的妈妈是情感细腻的人，所以只要消除了妈妈的顾虑，问题就迎刃而解了。面对这类长辈，我们一定要看到他们内心的柔软和脆弱，表达出对父母良苦用心的理解，以情动人，消除他们的担心与顾虑。

第三类，理论型长辈。这类长辈通常讲求证据，逻辑性强，要想说服他们，记得摆事实、讲道理。如果我们提出的理由合情合理，他们会自动做出让步。

案例：有位妈妈思想比较固化，觉得孩子玩电脑就是不务正业，只有天天坐在桌前看书做题才能有未来，所以严禁孩子接触任何电子产品。孩子觉得妈妈这种教育理念和方式太武断，感觉自己快要与世隔绝了。孩子跟妈妈说："妈妈，现在网上有很多学习课程，都是名师授课，我们老师也鼓励学习的间隙可以看看网络课程。我现在觉得自己数学学得挺吃力的，老师上课倒是讲得很好，但我还想参考一下网络课程。我们班大部分同学也都看这些课程。"

我们可以看到，这个孩子的说服思路是这样的：先提出自己作为学习主体，想通过网络课程加强学习；接着说其他同学都使用网络教学模式，向妈妈证明网络课程的好处，无形中给妈妈增加压力。这样的方法很适合讲求证据的长辈。

最后一类，多虑型长辈。这类长辈考虑问题比较悲观，有时候思路不够清晰，如果能向他们摆清客观事实，陈述利弊，他们可能会主动考虑你的选择是否正确。

案例：一位婆婆强烈反对儿媳生产之后去月子中心，她听说月子中心都是骗钱的，根本不会很好地照顾产妇和婴儿。月子中心的收费都很高，有的还会分有窗户的房间和没窗户的房间，有窗户的房间费用会更高。后来，儿子和儿媳带她去参观月子中心，并且耐心解释了去专业月子中心的好处，让婆婆全面了解月子中心的服务和专业程度，婆婆痛快地同意了夫妻俩的选择。

所以，把事情客观呈现在这类长辈面前，他们通常会主动理解你的想法。

当与长辈意见相左时，首先要想到长辈是出于爱护晚辈的角度提出的意见，所以即便不肯定他们，也不要着急否定，尽量避免直接生硬地拒绝。其次，一定要控制好自己的情绪，以商量的口吻与长辈沟通，把他们当成朋友，敞开心扉说出自己的想法。

简单来说就是要"摆事实，讲道理"，有理有据地说服长辈。尽管我们和长辈解决问题的思维模式有所不同，但最后的目的是相同的，都是为了寻求最好的解决办法。面对各类长辈可以用不同方法来沟通，了解他们的心理后耐心沟通，问题就迎刃而解了。

人生

怎么办

不懂得拒绝

讨好他人 ∽ 迎合自己

之 签

✡ ✡ ✡

　　人与人相互帮忙、相互协作是社会正常运行的法则，但如果他人请你帮忙的事并不是你力所能及的，又或者他人所求明显是不合理要求时，我们该如何拒绝？

　　在探讨这个问题之前，我们先看看为什么我们会无法拒绝别人。这里涉及讨好型人格的概念。讨好型人格的人从不发火，从不说不，在他们的内心世界中，他人的快乐远比自己的快乐重要。他们的内心很敏感，能够在日常人际交往中敏锐地捕捉到对方的情绪感受、行为变化等，从而主动迎合对方，认为这样就可以得到他人的认可。

这种性格的人照顾到了每一个人的感受，却伤害了自己，因为他们以牺牲自我感受为代价，永远选择以别人为先，甚至长期陷入对他人愧疚的心理状态。

一、认为拒绝就等于失去对方，害怕被对方讨厌。这种心理是对自己没有自信造成的。

案例：刚到一家新单位工作的小玉，总会接到办公室同事没有完成的工作。她因为害怕拒绝同事会影响他们对自己的评价和自己的人际关系，所以从不拒绝。到后来，同事们甚至把和她没关系的工作都交给她做，她也不敢说不。长此以往，不但她自己的工作效率受到影响，甚至有些同事因为她没有完成交给她的工作而心生抱怨。

明明不想去做，但不敢拒绝，担心自己被讨厌，稀里糊涂就答应了，从而让自己不断地陷入疲惫的生活状态。不会拒绝是不懂得维护自己权益的表现。拒绝是自己的正当权利，不要认为拒绝就等于自私。

二、性格特别粗线条，很多事情想都不想就觉得"可以，不麻烦，我来帮你"。这类人热心肠，但对很多事情没有清晰的判断和边界意识，不知道量力而行，导致在答应他人要求后却力不从心。他们总是让自己很累，也许有时候还会因为帮忙让自己陷入困境。

案例：阿凯开了一家小酒吧。好朋友想借用他的场地举办酒会，他满口答应。对方说给他场地租金，他一口回绝，还自掏腰包买了很多装饰灯具，最终那个月靠透支信用卡生活。

讨好型人格的人应该如何摆脱不懂拒绝的状态呢？

首先要正视自己，正视并接受自己的感受和需求。其次是建立自信，保持积极向上的心态。再次是建立自己的界限，要在力所能及的范围内帮助他人，不要去答应超出自己能力之外的要求。最后，要明确自己不想做的事或做不到的事，他人用任何方式要求自己也不会去做，坚持这一原则是很有必要的。

案例：周末朋友约小米出去玩，但这次聚会有她不喜欢的人在，她明确表达了自己的态度：虽然很想参与但有不想碰面的人在其中，所以就不去了，随后表达了感谢。从此以后的聚会，大家都会注意把她和那位不想碰面的人分开约，再也没有出现过类似的尴尬。

有人会担心，当遇到不愿意接受的事而摆明自己的立场时，会不会使周围的人对自己有很大意见？不用担心这个问题，不理解是世间常态，能明确地表达自己才有被理解的机会，不是吗？

学会拒绝，就是让自己活得轻松，不去做那些让自己为难的事情。遇到自己不愿意或超出能力范围要求的，拒绝并不代表生气，也不代表会损害情谊，更不代表事不关己，高高挂起。仗义也不等于完全不拒绝，有时候

　　合理的拒绝不仅给自己建立了清晰的原则与界限，也会得到他人的理解和尊重，会让人际关系朝着良性的方向发展。

人 生

如何化解好友对你的误会

归咎于人 ∽ 自我反省

之 签

✡ ✡ ✡

　　相信大多数人都曾经被好友误解过。好友是对我们
非常重要的人，被他们误解，我们肯定很落寞。

　　人与人之间的交往机制是非常复杂的，不只是情侣
之间的关系很复杂，需要双方用心维护，朋友之间的关
系也是需要小心维护和经营的，表达不清楚就很容易出
现误会。很多人都觉得被误会非常痛苦，但我们肯定想
不到误解我们的人其实也很痛苦，他们会处于纠结和分
不清状况的状态，所以朋友之间有了误会一定要及时解
决。那么，面对不同类型的好友，需要采取怎样的方式
化解误会？

第一类,主观判断型。这类人对朋友的判断非常主观,并且很容易因为一些和自己无关的事情对朋友下定义。他们往往会由朋友对其他人做的事而联想并牵扯到自己,觉得朋友对其他人做的事最后也会发生在自己身上。他们的代入感很强,总会把自己代入他人身处的情境中,感觉他人就是自己,心想"他日后会不会也这样对我"。

所以,面对这类朋友的误解,我们需要把自己心里所有的感受都说出来,稍微含蓄、婉转,他们就有可能接收不到甚至曲解原意。要以直白的方式表达,他们才能理解我们做的决定。

第二类,内心细腻计较型,喜欢讲道理,喜欢计较得失。这类人有自己的想法,不会因为一件事对我们产生误会,也不会被周围的闲言碎语左右想法。但是这类人内心细腻敏感,很容易焦虑。他们往往会注意到一些在我们看来莫名其妙的细节,这些细节会在他们的心中产生连锁反应,嫌隙可能在日积月累地扩大但你并不知情。所以,面对这类人时要注意观察细节,而且要客观、真诚。

这类人不会因为一次的不愉快就随意和我们绝交，而是经过观察——思考——决定的过程，才做出最后的抉择。如果被这类朋友误会，一定要想一想自己是不是曾在一些细节上做得不好，忽视了对方。

第三类，环境主导型。这类人很容易被周围的环境影响，闲言碎语就会改变他们对朋友的看法。如果这类人误解我们，最好的化解办法就是用较为直接坚定的方式表达我们的想法和立场，他们会在看到我们不被信任的愤怒之后反思自己。

案例：小迪很容易被他人看法左右。一次，她和朋友A偶然谈及另外一个朋友B。朋友A说："B呀，她比较自我，一点都不关心身边人。前几天她的好朋友生病住院了，她都没去看望人家，平常俩人整天腻歪，人家一病就跑得没影了。"后来，小迪和朋友B无意中碰面，小迪口无遮拦："你好朋友前段时间住院了，你怎么也不去看望一下啊？"在她明显透露着猜忌的语气中，对方爆发了："你从哪听来的谣言，我在你心里就是这样趋利避害的人吗？住院的是我的好朋友，我当然会关心她，至于怎么关心，我有自己的方式，不清楚的人不会懂。"最后，小迪才知道，原来朋友 B 知道好朋友住院需要支付昂贵的医药费后，就一直加班加点努力工作，为的就是在物质上能够帮到自己的朋友。

所以，在被这类容易被他人意见左右的朋友误会时，最好的处理方式就是坚定明确地表达事实和自己的立场，让他们不要随便轻信他人的想法。因为他人的意见和看法都有主观性，事情的真相他人未必知晓，对闲言碎语听之任之只会加重这类朋友对自己的误解。

我们在被人误会时，一定要冷静面对。如果是面对面的冲突，对方可能正在气头上，所以先稍作冷静，等对方发泄完，再针对对方的问题解释清楚。沟通很重要，平心静气地沟通更重要，双方最好开诚布公，把误会消除。

人与人之间相处，贵在真诚，而一旦有误会，以前的旧账可能就会被一并翻出来，冲突由小变大，及时沟通解决是维持关系的最好办法。

如何拒绝

和长辈聊

不想聊的话题

社会我 ∽ 个人我

✿ ✿ ✿

越来越多的年轻人抗拒回家过年，因为回家后可能被长辈亲朋问到一些让人头疼的问题，比如"有对象了吗""结婚了吗""生孩子了吗""没生啊，为什么不生，打算什么时候生，再不生以后就困难了""工资多少啊""要买房吗"，等等。

我们听到这些问题时一般是什么反应？大多数人心里是排斥的，可是因为对方是长辈，所以我们要给予必要的尊重，只能勉强回答。结果，长辈可能会越问越焦虑，我们只能硬撑着，撑着撑着就开始沉默。这样的对话让我们在面对长辈时会有很大的心理压力。

这种现象涉及心理学中的一个概念——心理防御机制，是说人们在面对紧张的情景时内心会产生对外界的排斥，以恢复心理的平衡和稳定。长辈在问我们问题时，我们就会产生这种排斥倾向。面对长辈抛出来的问题，我们越是排斥，越是不能满足长辈的好奇心。

面对这种情况，只要充分了解长辈的性格特点，就可以从根本上解决问题，既不得罪长辈还能让自己安全感暴增。我们可将长辈分成四种类型。

第一类，好奇型长辈。这类长辈目的性并不是那么强，但是一旦你的答案激起他们继续询问的好奇心，那么他们就收不住了。面对这类长辈时，大家透露的信息尽量少而精，让长辈感受到你的诚意即可，省略活跃气氛的趣味故事，除非你想让他们打破砂锅问到底。

案例：阿宏春节回家，家中的一个长辈见他孤身一人就说："怎么就你一个人，去年还领个女朋友回来呢，是分手了还是怎么了？"

阿宏此时有两种选择：一是跟长辈讲清楚为什么分手；二是直接跟长辈说"这都过去了，我现在和一个更优秀的女孩在谈恋爱，我俩挺合得来，人家回自己家过年了"。

长辈的问题里含有两个目的，一个是显性目的——阿宏的女友去哪儿了；另一个是隐性目的——阿宏现在到底有没有女朋友。以上两种应对方法都是可以的，因为长辈已经得到了自己想要的答案，达到了目的。

面对这类长辈，如果碰到不想聊的话题，回答一定要切中要点，长辈心中的疑点消除后就不会再多问你；而且一定要真诚，否则不认真、不清晰的回答换来的将是数倍的问题，直到他们搞明白真实的状况。

第二类，内心孤独型长辈。这类长辈可能看起来比较犀利，总有问不完的问题，实则他们内心非常孤独，渴望与晚辈交流。所以，这些长辈提出的问题并不是重点，与他们交流我们内心的感受和近况才是重点。

案例：有位奶奶年近 80 岁，好久没见孙女，天天渴望着跟孙女见面。有一天到孙女家小住，她准备了一大堆问题。孙女回家后，见着奶奶赶紧先表露自己的思念之情，并主动跟奶奶讲述自己的近况。随着孙女不断地讲述，奶奶事先想问的问题都被孙女先解释了，祖孙二人其乐融融。

面对这类长辈，我们要明白他们内心真实的需求。他们比任何人都希望和你亲近，他们提出问题只是想了解你关心你，与他们交心往往比回答问题更重要。

第三类，洞察型长辈。这类长辈观察力敏锐，懂得通过细节观察晚辈的反应。如果你觉得长辈的提问让自己感到尴尬，不妨试着转移话题，把谈话重点引向其他方面，甚至只露出一个点到为止的表情，他们就会明白你的意思，不会继续为难你。

第四类，积极型长辈。这类长辈在与晚辈交流时，喜欢挑选自己擅长的领域，又喜欢听新鲜的观点和想法。面对这类长辈的提问，建议先听听他们对问题的看法，然后再说自己身边朋友的看法，把他们向你个人提出的问题，上升到整个年轻人群体的高度。这样既可以解决不想回答尴尬问题的困境，又可以反客为主，掌控谈话节奏。

案例：爷爷问自己的孙子为什么谈了很久的恋爱都不结婚，这个男孩把朋友决定当"丁克家庭"这件事拿出来和爷爷讨论。爷爷和他从个人的生育问题聊到时代的变迁和青年人想法的转变，聊天既顺利又开心。

面对这类长辈，我们需要把周围年轻人的普遍想法表达出来，激发他们对你代表的年轻人当下普遍思想的探索，自然就不会缠着老话题一直聊了。

大家在跟长辈聊天时，要把握好尺度，尊重是前提，让他们感受到你的耐心。如果你不想继续聊下去，就尽量婉转地转移话题，不要生硬地伤他们的心。我们每个人都会老去，他们就是未来的你，所以对他们要格外尊敬。

人 生

无法与孩子沟通，那是你还没学会这些方法

负面偏见 ↔ 多维沟通

之 签

✡ ✡ ✡

孩子渐渐长大，开始独立思考，这个时候他们会认为父母的观念陈旧，很多时候听不进父母的话。父母则会认为："我什么时候害过你？"他们渐渐发现不了解自己的孩子，跟孩子有了思想代沟。产生这种心理落差后，他们开始尝试扭转这种局面，以求平衡，于是控制欲就愈发强烈。

解释这种现象，需要说到一个概念——控制心理，即指一方企图强制控制另一方的行为和思想。比如，我们经常会听到的"晚上早点回家""明天早点起床""外面下大雨不要出门"等体现父母对孩子的行为控制，还有就是"小孩了懂什么""听大人的就好了"等不考虑孩子想法的心理控制。在与孩子的相处过程中，父母总是会以自己的模式控制孩子的行为和内心世界。随着孩子渐渐长大，父母对孩子的行为控制和思想控制的欲望逐渐增强。

那么如何与孩子进行有效沟通呢？这就要根据不同孩子的实际性格来实际处理。我们分四种类型来看。

一、热情冲动型。这类孩子热情满满，容易感情用事，说话办事非常主观，不爱听家人的意见。面对这类孩子，家长要注意正向引导他的热情，培养他的耐心，在保持他自身独立性的情况下，以正面疏导为主，多多沟通。

案例：子安跟妈妈闹了矛盾，原因是他想跟朋友去打篮球。妈妈觉得他肯定没写完作业，就说："作业完成了吗？"子安说："没完成，我写得太累了，出去活动活动回来继续做。"结果妈妈就不让他出去，有点气愤地说："整天就知道玩，再玩下去人都废了。"子安也是脾气火爆，没有顺着妈妈的意："天天谈作业，除了作业就没别的了，你根本不配做我妈！"

经过对这个案例的分析，我们发现妈妈是不想让孩子浪费过多时间去打篮球，她看重的是孩子的学业；而孩子觉得只有劳逸结合，效率才能更高，埋头苦学不适合他。在这样的情境中，双方各执一词，似乎都有理，不妨平心静气坐下来谈谈。这类孩子要注意，不要把最坏的一面展现给最爱你的人，遇事需要冷静，不要因一时的口头快感伤了父母的心。

二、内向敏感型。这类孩子内向，不能很好地化解外界的负面评价，有时家长无意中的言行，也会对他们影响很深。这类孩子需要正面鼓励，引导他们排遣消极情绪。

案例：有个小朋友看到别的孩子手里拿着手机，他也想要，回家就吵闹着要妈妈买。妈妈就说："考试没有人家考得好还想要手机？"妈妈无意间的玩笑成了孩子心里的一根刺，从此以后他不敢再向家长提出合理的需求，甚至认为自己在父母眼里什么都不好。

幼时孩子与父母接触得最多，一直以父母为大，父母是权威。内向敏感的孩子被权威无意间的否定，会让其封闭自我，从而在叛逆期更加固执。面对这类孩子，父母要注重自己的言行，要积极鼓励孩子、肯定孩子，这样才能和孩子进行深入的沟通。

三、自我型。这类孩子非常活泼，但不懂换位思考，有时可能过于自我，忽视了他人的感受。所以，家长要引导这类孩子学会共情，建立同理心。

案例：佳佳古灵精怪，经常能给人带来欢笑，自然有很多朋友。到了大学，爱社交的她交了各种各样的朋友，天天都有各种各样的应酬。有天晚上，妈妈给她打电话问："最近学业很忙吗？怎么都不给妈妈打电话报平安。你那边怎么这么吵啊，在哪儿呢？"周围声音太嘈杂，女儿也听不太清，就说："妈，我现在听不清，一会儿再给你回电话啊。"妈妈想，"这大晚上的又出去，不让人省心，一个女孩子家的晚上出门多不安全"。那天晚上，妈妈连续打了好几通电话，女儿也很烦，总是告诉她马上就回去了。

其实这类孩子要能理解父母也不是为了管束自己，更多的是希望有及时的信息反馈让他们知道自己的孩子平安就好，不要太叛逆和强调自由才是这类孩子该去注意的问题。

四、固执型。这类孩子固执，不愿意妥协，坚信自己的想法是对的，父母都是落伍的，他们的想法只会限制自己。面对这类孩子，我们要告诉他，需要多听听父母的意见，无论是在家庭关系还是人际关系方面，固执己见都不是处理问题的好方法。与他人意见相左时，尽量多聆听他人的看法，如果合适就采纳，实在不合适的话也不要表现得太强硬，不赞成也不要显露太多不满，可以多点点头以示对对方的肯定。

　　不同的孩子有不同的特点，处理问题的角度和看法也不相同。作为家长，要学会换位思考，明白孩子有自己的世界和思想，要引导孩子处理好自己的情绪；作为孩子，要对父母多些耐心，多听听父母的意见，体谅父母，换位思考，增强同理心。双方不要固执己见，试着肯定对方的看法，只有做好沟通的功课，才能实现关系的融洽。

如何建立融洽的亲子关系

与他人比较 ∽ 独立平衡

☆ ☆ ☆

　　如何与孩子沟通互动，是很多家长需要解决的问题之一。在解释亲子关系前，首先要明确一点：夫妻关系对亲子关系有相当大的影响。夫妻的相处模式很大程度上会影响孩子的心智成长，比如夫妻关系和睦，孩子生活在和谐的家庭环境中，可以感受到平等的爱，孩子对于男性形象和女性形象的概念是同时建立的。这种夫妻关系对孩子的成长是有益的，对孩子与人建立正常融洽的关系也是有益的。

　　反之，如果父母关系不太好，孩子长期生活在不稳定、不和谐的家庭氛围中，难免会受到负面影响，在性格的形成过程中无形增添了一些负面色彩，在与人的交往中或多或少受到父母相处模式的影响。

有的孩子是和父母其中一方亲近，这种情况比较普遍，因为现代人生活忙碌、压力大，总会出现一方以事业为主、一方以家庭为主的情况。这种情况会让孩子和父母其中一方接触更多，对另一方的认知就少一些，亲子关系相对疏远一些。亲子关系在孩子成长之后很难改变，如果家里有这样的情况，与孩子接触较少的一方要尽可能地拿出一些时间陪伴孩子。

在处理亲子关系之前，每一对父母都要先做好自己，给予孩子一个良好的生活环境比什么教育方法都重要。父母是孩子的第一任老师，孩子小时候都是看着大人做什么自己也做什么，父母的以身作则很重要。

建立良好的亲子关系需要注意的是：沟通。很多亲子关系处理不好是因为父母总觉得自己高高在上，不能和子女形成真正的平等沟通。在任何关系中，如果沟通的前提不是平等的，都会让一方产生压迫感。在这种不平等的关系中，孩子要么非常叛逆，要么就没有主见。这两种情况都不是父母希望见到的。

一、在与孩子的沟通中，父母最需要注意的是"我是你爸（妈），你听我的就行了，我会害你吗"这种想法。有这种想法的父母要非常注意，强迫孩子接受自己的建议，很容易导致孩子没有主见或者叛逆。

案例：小琪的爸爸年轻时艰苦创业，后来生意做得风生水起。在家庭中，爸爸对女儿呵护有加，但由于他有些大家长作风，喜欢把自己的思想强加在女儿身上，让女儿按照自己的规划成长，比如在女儿小时候就限制女儿的交友圈。面对爸爸的要求，女儿都乖巧地接受了，但在填报高考志愿的时候，与爸爸产生了冲突。爸爸不跟女儿商量，直接对女儿说："我给你在国外找了所好大学，暑假过完，开学就送你去。"女儿非常惊讶："你怎么不跟我商量一声，为什么替我做决定？"爸爸说："爸爸年轻时连大学都没上过，不想让你走我的老路，而且现在国内竞争激烈，送你去国外深造，回来后直接帮爸爸管理公司。"女儿多次反抗无果，爸爸也不肯退步。后来女儿带着无比沉重的心情去留学，没有学到自己喜欢的专业，在事业和学业上找不到方向，也不想和爸爸交流，甚至抗拒假期回国和家人相见。

这个案例中的爸爸找到我咨询的时候特别痛苦，他不明白自己付出了这么多心血，培养女儿，一切都给她最好的，为什么最终会闹成这样，他只能通过"孩子小，不懂事"来自我疏解。这类家长骨子里是比较传统和强势的，希望孩子按照自己的规划生活，忽略了孩子的自由意志，潜意识中把孩子当成自己生命的附属品和寄托。这类家长要学着尊重孩子，把孩子看成独立的个体，在亲子关系里寻找到属于彼此的平等和平衡。如果始终在气势上压倒孩子，孩子会感到压抑，沟通时一定会有所隐瞒。父母无法了解孩子的真实想法，孩子也无法真正独立。

二、控制欲过强，不懂给孩子隐私和空间。这类父母没有第一类那么强势，他们倒不会直接干预孩子的选择，但本质上很难真正认同孩子是独立的个体，总认为"你是我的，所以你我之间不存在隐私"。他们想要掌握孩子的一切动态和想法，然而，不给孩子个人空间侵犯孩子隐私的后果就是孩子愈发变得想逃离家庭，过早独立且非常叛逆。

随着孩子慢慢长大，父母应该主动给孩子留一个私人空间，不要随意侵犯孩子的"小天地"。如果做不到，父母可以换位思考一下，假如你发现自己房间中的抽屉被别人翻了，手机被看了，是一种什么样的感受。亲子关系中信任一旦缺失，再重新建立起来就要花费很多心思，这个问题需要这类父母多加注意。

如果你是一个控制欲太强的父亲/母亲，要理解孩子是独立的个体，要尊重他们的自由意志。要多给孩子自由，学着让他们自己做选择或决定，只要不是太离谱，父母都可以和孩子友好沟通并给出建议。父母毕竟不能陪孩子一辈子，自己的孩子自立自强，能够独当一面，想必也是一件让父母自豪的事情。

三、还有一类父母，他们可以和孩子玩到一起去，而且喜欢与孩子平等交流，但他们与孩子的亲子关系中也存在问题，这是为什么呢？问题在于他们可能会过于放纵孩子，原则性不强可能会导致孩子犯下大错。

这类主张放养孩子的父母，需要把自己的随性和自由收敛一点，如果毫无原则地答应孩子的任何要求，无条件宠溺，那么，这种自以为无私的爱可能助长孩子的肆无忌惮和为所欲为。

总之，亲子关系和任何情感关系一样，都需要找到彼此的平衡点和舒适的相处方式，没有完美的亲子相处模式，但一定有我们都为之追求的目标，那就是孩子在健康自由的环境中成长，父母在安心满足的状态下老去。

朋友在背后诋毁自己应该如何处理

装作无所谓 ∞ 正面自我

✡ ✡ ✡

　　说到这个话题还挺心酸的，我曾经遇到过好友在背后诋毁和泄露我隐私的事。起初我不能理解，后来发现朋友交往的基础是因为欣赏和认可，而有嫌隙的原因往往是嫉妒或者误会。分析诋毁背后的心理活动，你会发现，诋毁你的人大多数都是不如你的。如果对方是异性，也许是因为得不到；如果对方是同性，也许是因为嫉妒，这其实是吃不着葡萄说葡萄酸的心理，心理学上称为"酸葡萄效应"，是指自己的内心需求无法得到满足时，去寻找理由给自己安慰，从而在内心保持对自己的肯定。

解决方法分为三种:

一、正面沟通。

我相信知道朋友在背后诋毁自己后,肯定会有很多人选择逃避和冷战,但这样两个人之间的嫌隙只会越来越大,接着疏远,最终自然而然地相忘于"江湖"。直到很多年后说起一段曾经美好的关系,也只能淡淡地说一句:我也不知道后来怎么了。

那些诋毁变成了不可被正视的伤疤,永远地存在于那里。有一句话说,"不被正视的伤痛总有一天会以其他的方式再次刺痛你"。我认为任何关系都需要沟通,因为我们都需要正视伤疤。哪怕过程让人痛苦,也需要进行一次正面的、理性的、真诚的沟通,这样才能化解误会,消除嫌隙。

没有无缘无故的诋毁,就像没有无缘无故的伤痛一样,只有真正面对了才能成为更好的自己。至于你们还会不会成为更好的朋友,需要看沟通的结果。哪怕正面沟通加速了一段关系的结束,这种经历也是有意义的。

二、清者自清，事实胜于雄辩。

如果你做不到正面沟通，那坚信清者自清也是一种方式。简单来说，学会以理化情。

什么叫以理化情？一个经典的例子：两岁的小朋友会因为玩具丢了而大哭，而成年人却不会，他们觉得这没什么，不至于影响自己的心情，再买就好了。因为成年人已经过了绝对感性阶段，可以用理性的理解来代替情绪的宣泄。被误解后当然会生气，甚至会伤心，但是成年人会消化这些情绪，然后以理性看待、分析好友对自己的误解，并通过具体行动来化解好友的误解。

三、对诋毁自己的人永远给予正面评价，宽容大气，高下立辨。

这是比正面沟通更难做到的一个化解误解的办法，也更需要勇气。

我曾经有一位女强人型的咨询者，当知道多年的好友兼合伙人在背后诋毁自己时，她给出的答复是：我不相信对方会说出和事实不符的言论，如果传言是真的，那一定是我有什么地方做得不够好，让对方误会了，我相信他没有恶意。

不暴躁，不回击，在他人面前维护诋毁者，留众人去分辨是非黑白。长大应该也就是这样吧，理性、温柔地对待这个世界。在朋友诋毁你的时候，可以尝试用包容和爱让对方有所改变。

如果遇到诋毁你的人，我们能做的就是通过努力，变成更好的自己，将这些诋毁甩在背后。一个足够优秀的人一路上会遇到各种问题，所以没必要过于在意那些不友好的声音，只是做好自己，足矣。

篇章 II

——

人生目的

不要把别人的成功当作自己的失败，
不要把别人的失败看作自己的成功。

每个人只需要正确看待自己，
找准定位才是关键。

家长无法理解
和接受你的工作
怎么办

过度期望 ∽ 共情

✡ ✡ ✡

不知道大家有没有被这个问题困扰，家长无法理解
和接受我们的工作。遇到这个问题，我们该怎么办呢？

产生这个问题的原因有以下几点：

一、代沟问题。互不理解是一件很痛苦的事情，但
亲子关系里最难跨越的就是沟通。有一句话我很喜欢：
没有人能够跨越自己的时代。无论父母多么愿意接纳当
下社会的变化，他们依然需要很多时间去化解时代在自
己身上的印迹，而且有的可能很难真正的化解。

二、经验效应。什么是经验效应呢？经验效应指的是个体凭借以往的经验进行认识、判断和决策。经验是财富，也是包袱。经验越丰富，人也越老练，为人处事得心应手；但是如果不顾时间和地点地照搬，套用经验，有时也会出问题。特别是在现代社会中，科技发展日新月异，封闭状态日益被打破，人们的思想观念在不断更新，靠老经验行事再也行不通。

我觉得大家对于经验效应应该不会陌生，相信很多人都经历过在自己鼓起勇气对父母说出自己的理想之后，父母的反应是："你了解这个行业吗""是不是受人影响才想做这件事啊""别看这个工作表面风光，多得是你看不到的辛苦和困难""这条路没有你看到的那么好走啊"。

这些问题产生的核心原因是看待社会的角度不同，对事情的判断标准不同。比如你现在问周围的朋友他们如何定义理想生活，可能很多人会说出"自由"两个字，而在父母看来，理想生活的前提是稳定，稳定的生活才是理想生活。成长的环境决定了每个人对于"好"与"坏"

的标准不同，但我认为没有绝对的好坏，没必要强迫彼此统一好坏的标准。如果在工作这件事上父母和我们可以学着接纳彼此认为的好和坏，哪怕听听对方说为什么认为这样是好，那样是坏，便是亲子关系里巨大的进步，也是不同时代之间沟通的巨大进步。

当选择的职业受到父母质疑时，人们常有以下几种表现：

一、容易产生极端反应，不能听到任何反对的声音，哪怕是客观的建议，都会用极端抵触的方式，结果往往事与愿违。

二、不够坚定，家长多说几句就动摇了，如何让家长认同你的职业选择？如果你属于这个类型的人，那么我建议对于职业选择，可以从以下三个角度来考虑。

首先，明确你的兴趣与特长是什么；

其次，考虑风险、失败的概率以及自己的心理承受能力，多加谨慎地选择；

最后，学会对自己的人生做出规划。

只有把这三个问题考虑清楚了，再来面对父母的反对，才会比较从容。

三、不懂如何与父母沟通，也不懂如何表达自己的观念和感受。在我做咨询的过程中，我发现很多人擅长拆解与父母的矛盾，但当他们需要和父母沟通的时候，却不知道如何表达，最终选择了沉默。这里面的原因有很多，有的人面对父母的"权威"，不知如何沟通，也有的人长期不被父母认可所以内心缺乏自信，还有的人总想着靠做事让父母认可而不是靠沟通解决问题。

父母提出建议有他们的道理，但由于受到时代和眼光的局限性，他们也自有他们的短板。我们要始终告诉自己：生命本身是不断体验和打磨的过程，我们没办法让所有事都如意，但可以选择去直面和解决问题。希望大家在经历了磨砺之后，学着收起莽撞，心平气和地理解和倾听来自另一个时代的人的经验，无论对错都应该报以感恩。当你做到这些以后，你会发现没人可以动摇和干预你的选择，你能为自己负责，也能站在别人的角度去考虑问题。

人 生

提升职业气质，
任何时候都要
赢在起跑线上

自毁 ∽ 成长型思维

之 签

✡ ✡ ✡

职业气质主要体现在哪些方面?

一、穿衣。什么场合穿什么衣服,得体是最好的气质。

二、外表。坚持健身,改变体型,化淡妆,有好的气色。这是提高自信的基础,能够使我们保持愉快的心情。

三、谈吐。腹有诗书气自华,平时要多看书、多积累,读过的书、走过的路都体现在你的言行举止中。

四、能力。提升技能之后才能够自信。学无止境,只有一直学习才能充实自己,提高自己,保持自己的专业能力。

　　这四个方面是每一个职业人都必须重视的。在提升这四个方面的同时，我们该如何发挥我们的性格特色，以更好地成为独一无二的自己，提升自己的职场气质，在职场中出类拔萃？心理学中普遍将人分为四种气质，分别是胆汁质、多血质、粘液质和抑郁质。我们按照这四种类型来一一解释。

　　胆汁质。有野心，爱社交。这类人属于胆汁质的人——反应速度快，具有较高的主动性。

　　气场全开是这类人的特点，开朗、坦率，思维灵活，经常以极大的热情从事工作，缺点是容易急躁，缺乏耐心，好争论，遇到挫折习惯从外部找原因。

　　这类人要注意，让周围的人感到亲近平和才是提升职场气质的关键。在工作中不要慌慌张张，要合理控制自己的情绪，学会自我反省，在沟通与交往中注意多站在对方的角度上换位思考。

　　这类人有时看起来咄咄逼人，因为说话直率而得罪同事，但他们的本心是要帮助他人，只不过太直接或者方式不太对，需要变得平易近人一些，注意做事的方式方法，改变大大咧咧的性格，不要让激化矛盾。

多血质。这类人性情多变，行动敏捷，反应很快，聪明。

他们的情感和行为动作变化得很快，但较为温和；机智灵敏，思维灵活，在意志力方面缺乏耐性。在工作中，他们往往会因不能坚持而放弃一些事情。因此，这类人需要对自己有准确的判断，知道自己缺乏耐心的缺点，并充分发挥反应敏捷的长处，才有可能在职场发挥更大的潜力。

粘液质。沉稳、有耐力、目标性强且执着。这类人属于粘液质的人——反应性低，即情感和行为动作进行得迟缓、缺乏灵活性。

他们不易产生激烈情绪，遇到不愉快的事也会不动声色；细致、喜欢沉思，在意志力方面具有耐性，有较强的自制力；人际关系良好，不参与别人的是非，别人也说不出他们的是非。

这类人想要提升职业气质的话，可以每天多投入一点时间来思考，总结反思，通过所积累的阅历，潜移默化地改变自己，沉淀出气质，或者说是沉淀出自信和底气。但这类人须注意，在适当的时候要做自我表达，才不至于失去机会；另外，不开心的事要有恰当的疏导渠道，否则容易积压巨大的心理压力。

抑郁质。情绪化，易多愁善感。这类人属于抑郁质的人——有较高的感受性。

他们富于想象、聪明且观察力敏锐、敏感性高；优柔寡断，但对力所能及的工作能够秉持坚忍的精神。

这类人对人际关系非常敏感，很多事情可能不涉及他们，也会给自己很大的情绪压力。比如，他们说话的时候容易怯场、紧张。所以，这类人提高职场气质的方式就是说话不要着急，不要怯场或者扭扭捏捏，语速适中，清晰地表达自己的想法，大方得体、自信地表达即可。

想要提升职场气质，可以总结为以下几句简单的话：

　　(1) 提升团队协作意识，没有人是一座孤岛，只有和团队团结起来，才能更好地发挥职业价值；

　　(2) 回忆一下曾经的成果，以此激励自己；

　　(3) 你是最棒的，不用和其他人计较；

　　(4) 找到工作中让你开心的事情，开心的状态会让人闪闪发光；

　　(5) 战胜恐惧，很多事情做完后才会发现没有你想得那样艰难；

　　(6) 听从内心，自信表达；

　　(7) 勇于尝试，别畏首畏尾，大胆去做；

　　(8) 找到平衡，扬长避短；

　　(9) 相信自己。

要求加薪是一件冒险的事情吗

麻木机制 ∽ 匹配成长

✿ ✿ ✿

在职场中，我们都认为自己的薪资应该与自己的工作内容、工作强度相匹配，当现阶段的薪资与自己负担的压力不匹配时，就会产生加薪的想法。现在提加薪已经不是什么难以启齿的事情。

要求加薪通常有三类情况，第一种情况是工作能力确实很强，为公司或团队的未来发展做出了重要贡献，但是上级领导却没有表示，感觉努力被领导忽视，所以要求加薪。第二种情况是过度放大自己的能力，忽略团队合作的作用，认为公司或团队的大部分成绩都源于个人，因此对加薪需求迫切。第三种就是最常见的，认为工作强度和工资远远不匹配，因此提出加薪。

说到底，要求加薪就是对自己现在的状态不满足，但是能力如何才是谈判成功与否的重要因素。能力不够却主动要求加薪，很可能会让领导觉得自己不自量力，从而给领导留下不好的印象，甚至有被辞退的风险。

要求加薪前，建议先进行客观的自我评价，目前的工资是不是真的与你的工作能力不对等，真的委屈自己了吗？还是只是想多挣钱，抱着侥幸的心态，领导不同意就算了，同意了更好？跟老板谈加薪前不妨多想想自己的实际能力和在团队中是否发挥着不可替代的作用，当你有足够的资本时再要求加薪，就是水到渠成的事情。

在加薪这件事上能够正确认识自己，以及自己在公司或团队中的位置和作用很重要。能力强的员工向领导反映了自己的努力和成果，加薪基本都是顺理成章的事情。当然有很多人会抱怨说我明明和他干的一样多，负责的事情也差不多，为什么他加薪了而我却没有？如果出现这样的问题，建议你客观地观察和评估一下平时你和对方工作的状态和效率，也许你会有答案。

这里说到一个心理学概念，就是"空杯心态"，指的是要正确认识自己，不要过度自信，做事的前提是要有健康的心态，不能骄傲自满。不断学习，才能走得更远、更稳。体现在职场中，就是需要我们摆正心态，不要因一点小成绩而自满，敢于清空自己杯子里的水，不拘泥于现在，放眼未来，提升自己的价值最重要。

关于主动提加薪，不同的人都有哪些心态，怎样才能增加加薪的成功率呢？

一、积极进取型。这种类型的人自信满满，相信自己的能力，勇于要求加薪。他们觉得自己工资和能力不对等的话就会主动要求加工资，提出加薪并不是一时冲动，而是清楚自己为公司做出多大贡献，有能力和理由要求加薪。他们身上散发着自信的魅力，能够跟老板讲述自己的成绩，懂得使用技巧让老板认识到其在公司的重要性，从而使老板主动提出加薪。

案例：萱萱是一家酒店的客服经理，日常工作比较琐碎繁忙，大到处理酒店的突发事件、举办活动，小到顾客对牙刷质量不满意，她都亲自处理。再加上酒店人力主管暂时休假，她还接管了人力部的部分工作。在连轴忙碌了半年之后，她决定向老板提加薪。她的提薪技巧适合大家参考。她是这么说的："老板，您觉得工作上我有什么地方需要提升吗？"老板说："你各方面都做得很好啊。"萱萱说："谢谢您的肯定，但是我觉得最近我负责的事情有点多，我的精力已经严重分散，再继续下去怕是没有办法都做得很好。在工作上我决定把精力投入我最擅长的部分上，就是酒店的管理，人力部的工作我可以做辅助但不能全部承担，在薪资上我希望能有更加匹配的数字。"老板听后答道："我正想和你商量这件事呢，没问题，这个月就开始加薪。"

这类人会在完全胜任工作的前提下，客观理性地和上级领导提出加薪的要求，领导自然会理解。

　　二、价值对等型。这种类型的人需要通过工资来体现自己的价值以及上级的认可，付出和得到不成正比，或者薪资持续没有增长，就会怀疑自己的能力和价值没有被肯定和认可。这类人需要鼓足勇气，主动向上级提出加薪要求，从而让自己获得肯定，以更加饱满的热情投入工作。

　　案例：有位咨询者对我说，她刚入职不久干劲儿很足，对自己的工资也很满意，于是脚踏实地，加倍努力，希望能通过自己的努力实现薪资上的跳跃。然而每次开总结会她都是被忽视的那一个，业绩被表扬的那些人中始终没有她。自己明明很努力，却持续三年没有涨过工资，她渐渐开始怀疑自己不被老板认可，失去了初时的斗志。

　　每个人对价值的定义不同，部分人会认为如果自己有价值一定会体现在薪资上，所以当他们在工作上付出了，一定会考虑和领导谈论薪资，如果物质无法得到满足，工作热情也会下降。

三、自认能力不足，不敢主动提加薪。这类人一般比较被动，很能隐忍，一般是等待领导主动给自己加薪，不敢为自己争取，不愿意直接向上级提要求。所以这类人要正视自己，对自己的能力有正确的认识，也要改变对加薪这一正当要求的片面看法，加薪并不意味着自己过于看重物质。况且，能够主动提出给你加薪的领导并不多见，只靠等实在太被动了。

案例：小张在某保险公司上班，平时话不多，业绩很好。他的经济状况其实很窘迫，但从来不敢和领导讨论涨薪的问题。在一次客户回访中，领导发现小张是回访满意度最高的员工之一，而且大家都知道他家里经济状况很差，同期和他一起进入公司的员工都已经主动提过涨薪只有他从来没提过。领导在了解情况之后主动找到他谈心，问他对于薪资待遇是否有不满意的地方。小张涨红了脸，非常紧张，生怕领导觉得自己过于看重物质，当领导主动提出他工作表现突出决定给他涨薪时，他才放松下来。

这一类人总是很少表露自己的加薪要求，认为开口提加薪是物欲过大的表现，更希望领导看到自己的努力，让领导主动开口为自己加薪。

希望大家在向领导提出加薪要求前先自我反思一下：我的能力如何？我是不可或缺的吗？如果被拒，如何应对？

加薪是对自我价值的肯定，加薪要求是否被批准取决于多种因素，但其中最重要的还是自己能力与价值的提升，是自己不可替代性的日益增强。只有这样我们在面对领导时才会有十足的底气，领导也会看重你。时刻保持自己的空杯心态，清空杯子里的水，树立正确的自我认知，客观认识自己，才能让自己在职场上走得更远。

人 生

不想加班
有错吗

被迫加班 ∽ 合法加班

之 签

✡ ✡ ✡

　　人在工作中都会面对一个问题——加班。关于加班，人们的看法各不相同，有的人喜欢加班，觉得可以和上级或老板有更多的接触和互动，从而学到更多的东西；有的人认为员工和员工的差距就是从是否愿意加班拉开的；还有的人厌恶加班，觉得加班就是效率低的表现，只有低等公司才会强调加班。除了这些之外，还有一种人的态度比较中立，就是加不加班都可以接受，这样的员工通常处于被动状态，如果工作需要也会同意加班。

　　解释加班这一现象，我们可以用到心理学中的责任意识概念，指的是人们的行为支配会受到责任意识的影响，责任意识强的人不会太计较个人得失，而倾向于主动承担责任，他们认定加班完成工作是自己分内的事，所以必须承担相应的责任；责任意识相对弱的人，通常觉得加班完成工作是分外的事，自己多干就是不公平，这类人习惯于淡化自己的存在，企图逃避更多的责任。

很多员工会想：我就不喜欢加班，我在规定的上班时间内完成工作，下班的时间属于我自己，有错吗？很多老板也会想：加班能体现一个员工的工作态度和工作能力以及对公司的付出和贡献程度。说到底，双方考量工作的尺度是责任意识。从员工的角度看，如果自己在工作时间内完成自己的工作，就代表自己承担了自己的责任。从老板的角度看，责任意识的强弱与是否加班有一定联系，而且通常成正比关系，责任意识强的员工会主动加班，因为他们对工作多一份热爱，会努力推动公司发展、多贡献一份力量，公司的荣誉与其紧密相连。

那么，不同性格的人在面对加班时，他们身上的责任意识是如何发挥作用的？我们分四种类型来看。

　　一、自由活跃型。这类人思想活跃，不太喜欢加班，他们更喜欢有创造力的工作，如果加班是做一些机械刻板的工作，就觉得自己好像苦力一样，周而复始，渐渐失去工作的激情。同时，这类人有魄力，也愿意去做一些有挑战性的工作，用他们活跃的思维去探索新领域，如果加班是做这类工作，他们的责任意识就会非常强烈，认为自己在完成分内的事情，所以这类人的加班要视工作内容来定。

　　案例：晓亦毕业后入职一家广告公司，刚步入职场的她每天完成自己的任务后就看着表等下班，天天准时下班。可是她发现，每次自己准时下班走的时候，一些前辈们仍然坚守在岗位。她反省后认为，是因为自己刚参加工作，经验还不足，老板并没有把重要任务交给自己，也感受到自己现在的工作就是做一些机械的事情。她想改变一下，做一些更有挑战性的工作，于是第二天早早做完手头事情之后就主动找领导汇报，谈一下自己对未来工作的规划，希望可以做一些有挑战性的工作，自己可以利用工作之余去学习、完成一些工作。

二、情感导向型。这类人比较感性，愿不愿意加班取决于老板或上级的魅力和自己对老板或上级的情感，而非责任意识。如果欣赏老板或上级，他们就不会认为加班是在自我剥削，甚至觉得老板或上级加班我也要陪着，不能让他一个人那么辛苦，而且与自己欣赏的人在一起工作能多学点东西。如果不喜欢老板或上级，他们就会比较抵触加班，甚至会反感工作。

三、重视收益型。这类人比较实际，有一定的责任意识，但更偏向于衡量工作的投入产出比，如果加班可以有很好的补贴和收益，加班就没问题；如果没有与加班对应的收益，他们就不愿意加班。通常这类人比较注重个人收入，如果被强制要求加班，会主动提出自己的需求，坚决有力地维护自己的利益。

案例：阿雯是做销售工作的，销售行业要多走动，加班也不是非坐办公室不可。某天下班前，领导对她说下班后陪自己和客户吃一顿晚饭，她想了想跟领导说："我看您说吃晚饭的时间在 19 时，吃饭的地方离我家较远，明天可以调休两小时吗？以后您让我加班麻烦提前跟我说一声，如果可以的话我会合理调整自己的时间。"

四、责任型。这类人事业心很强，责任意识也非常强，认为自己现在要多付出一些，才能打拼出自己的事业，现在多做一些也是在学习，所以不会觉得加班不合理。这类人如果热爱这份工作就会做到极致，这种热爱是与生俱来的。

案例：冰冰留学回来后进入了自己理想的公司，经常自觉主动地加班。加班时，会超前完成下阶段的工作，推动项目进展，还会及时反思其阶段工作中的错误，总结经验，等上班时再向前辈请教。她靠自己的努力和突出业绩，获得了上级的肯定，半年就升职了。

"内卷"话题的兴起，再次引发了人们对加班的讨论。并不是所有加班都是内卷，也不是所有内卷都是合法加班。无论是有偿加班，还是无偿加班，都应该由我们自己来决定。当我们被"别人都在加班，我也不好意思走"，或者"老板要求我加班，我也没办法"，抑或是"只有加班，才能让老板看见我的努力"等客观因素所裹挟而被迫加班时，应认清事实：加班应该是一种自愿行为，是为了创造更多的价值，去作用于自己和企业，而不是一种被迫行为。同时，作为劳动者，我们要拿起法律的武器保护自己，因为《中华人民共和国劳动法》中明确规定了什么样的加班才算是合法加班以及加班的时长、计薪方式等，当公司出现不合理的加班要求时，我们是可以明确拒绝的，应该有说"不"的底气。

同事偷懒
影响工作进度要
不要向上级反映

旁观者效应 ∽ 自我保护

✡ ✡ ✡

团队工作中合作非常重要，所有人一起努力才能推动项目向前发展，每个人的效率都会对项目推进、团队发展产生影响。如果在大家紧锣密鼓地推进项目时，你发现身边有同事偷懒，工作时干别的事，还经常对其他同事的工作指手画脚，惹得大家很不爽，遇到这种情况你会怎么办呢？有人觉得还是不要多管闲事了，免得得罪人；有人就会愤愤不平，直接找领导反映。其实，这两种应对方式都不是最佳的。

团队协作时有人偷懒，最直接的后果就是影响了进度和协作效率。团队在一起工作，为了一个目标共同努力，如果因某个同事偷懒影响了协作效率，到底要不要向上级报告，如何处理才能面面俱到，不伤及同事关系，是一件很考验情商的事。

如果你是抱着告状的态度告诉上级，会产生两个问题。第一，上级在不了解具体细节的情况下可能会觉得你们之间存在职场斗争，大概率不会参与，并且会在心里认为你没有解决团队问题的能力。第二，上级听了你的描述，去处理这件事，让偷懒的同事得到惩罚，那么会使得大家的工作压力变大，不利于团队之间的协作。所以如果你的目的是希望同事负起责任，而不是为了吐槽同事的话，向上级反映是你的下下策，是最后需要去考虑的方法，我们先要学会的是协调团队合作中的问题并且与同事进行良好沟通。

当团队里有人开始偷懒的时候，他们的心态到底是什么样的，如何和他们进行良好的沟通？

一、偷懒不是因为不想工作，而是自己所做的工作没有被肯定过。

在合作的过程中，我们可以观察一下，松懈偷懒的同事的付出和回报是否成正比。如果努力工作但是所收获的肯定不多，这时他们就会感觉不被认可，觉得无奈而且找不到方向。他们非常脆弱，但给点鼓励就肯干。对待这类人，就需要多鼓励，这样就可以解决他们松懈的问题。

案例：阿彬刚进入职场，每天都能提前完成任务，而且总是做得最快、最好的那个人。但老板似乎总看不到他的存在，每次收到他完成的工作任务总是简单地"嗯"一句，具体做得如何也不作评价。阿彬倒是对自己的工作质量信心满满，但是总也听不到老板的评价，导致他的心里一直很憋屈。久而久之，阿彬慢慢懈怠了，开始偷懒，并且感觉这样的工作氛围不适合自己，认为老板否定了自己的付出，收获和付出不成正比，最后就辞职了。

所以，只要这类人还在工作岗位上就是对这份工作还感兴趣，只需要多关注他们的优势和成果，多给予鼓励，他们的工作热情需要他人的肯定来激发。

二、岗位不匹配，或者做不好工作中的一些事，但在乎面子所以不好意思说，最后开始逃避。

案例：馨馨在公司担任 HR 职务，除了负责员工招聘的工作外，还要向老板反馈员工的需求，所以有时候会处在老板和员工之间的灰色地带。由于她平时话不多，总给人一种高冷、不易亲近的感觉，再加上有时候因为工作上的关系要铁面无私，所以与员工之间的关系日渐紧张，渐渐地她感觉被其他人孤立了。馨馨不擅长处理这种矛盾，只觉得自己可能不适合做这份工作。最终，她开始逃避，偷懒懈怠，与领导、同事的关系都变得冷淡，工作质量下滑，非常苦恼。

这类人偷懒可能是觉得工作有压力，但要面子，不会主动表达，更倾向于逃避硬撑。

三、纯粹的偷懒，只想让别人多做工作，自己可以休息。

面对这样耍滑头的人，我们就应该直接向领导说出真实的想法，但要做到据实上报，态度要客观，不要让领导觉得我们是在打小报告。

案例：阿文从事旅游行业，由于工作性质所以会经常出差，但是他似乎把出差当成度假，领导安排的工作也不做，只是看着其他同事做。回到公司，他跟老板报告自己为公司做了很多贡献，同事们心里都很不舒服。最终，同事们和老板开诚布公地谈了阿文的工作状态，老板了解具体情况后，直接找到他，指出他的问题并希望马上改正。

四、一直很有责任心的人开始偷懒，很可能有离开的心了。

如果这类人开始偷懒，就证明他们可能在筹划着离职的事情，不太想继续在目前这个公司工作了。这时候，及时沟通非常重要，可以试着谈谈心，询问一下他们最近的工作状态，看看公司或者团队是否需要改进，毕竟这样的人离职是团队的一个损失。但如果对方已经确定离职，那就要做好他们随时离职的准备。

案例：晓欢在现在的公司已经工作多年，渐渐发现对自己来说，现在的工作失去了挑战性。但她是老板的得力助手，很受老板器重，如果贸然辞职，她怕会伤老板的心。所以她一拖再拖，整天想的就是"我该怎么跟老板辞职合适"这个问题，工作效率也不知不觉地下降了。

这类人还是比较务实能干的，一旦有松懈迹象可能是想要换工作了。如果发现苗头，建议尽早做准备，能够挽留的就要积极挽留，避免不必要的损失。

需要注意的是，我们在向上级反映同事的偷懒问题时，要客观地向上级汇报团队的工作进度，比如项目已经完成了多少，还差多少没有完成，没完成的部分是谁在负责，并说明为什么没有完成。只需要客观地说出现状，尽量不要看起来像打小报告，上级自然会去沟通。如何处理员工偷懒的问题取决于上级，我们做到客观反馈就好。

轻松学习 如何成为一名社交达人

人生

社交达人

完美主义 ∽ 镜像自我

之 签

✡ ✡ ✡

　　先聊聊什么是社交。社交是社会上人与人的交际往来，是人们运用一定的方式传递信息、交流思想的方式。每个人都需要交流和沟通，从而获取信息，创造出更多的价值。社交是我们非常需要和重要的工具。谈到社交，就要聊到一个心理学理论——马斯洛需求层次理论。

　　这个理论由美国心理学家马斯洛提出，他说，人类需求像阶梯一样从低到高按层次分为五种，分别是生理需求、安全需求、社交需求、尊重需求、自我实现需求。在这些需求中，社交需求处于中间的位置，对人达到更高级别的尊重需求和自我实现需求有着非常重要的作用。社交需求也叫归属与爱的需求，是指个人渴望得到家庭、团体、朋友、同事的关怀、爱护和理解、信任，是对亲情、友情、爱情的需要。

因为害羞而无法自由表达，或者在社交场合中很不自在，这些行为也许会给你的生活和事业带来很多负面影响。那么，我们应如何发挥自己的特点，在社交中从容应对，甚至成为社交达人呢？

我们将不同性格的人分为三组来看。

一、稳定型社交人格：性格特点是稳定、踏实，说话慢条斯理，比较平和温柔，容易给人很舒服的感觉，不会让人觉得太浮夸、不靠谱或者过于谄媚；缺点是容易社交羞涩，不够主动，社交圈子不够大。

这类人可以建立安全的社交距离，既给他人温暖，又不会太过侵犯到彼此的隐私地带，给双方自在的空间。让周围人觉得，有问题问你得到的会是真实中肯的答案，你是值得信赖的朋友。如果实在觉得自己嘴笨，不会主动社交，不如多做实事，默默付出，于细微之处给予关怀，在他人需要帮助的时候挺身而出，这样也能收获朋友，取得社交成就。

二、领导型社交人格：气场强大，有领导气质，会成为团体中的领导者。性格特点是有着像太阳般的活力，宽宏大量，光明磊落，不拘小节，充满正能量，有着崇高的理想，有责任感，爱交朋友。缺点是很容易情绪化。

这类人乐观向上，阳光自信，让周围的人觉得他们很有活力，并且能够在社交场合中制造积极的氛围，虽然是中心人物但很容易相处，和谁都可以打成一片。但这类人要多注重细节，提高观察能力，让自己的心思变得细腻一些，这样更容易感知他人的心思与感受，与其建立连接，不会因为偶尔的情绪化而影响彼此的关系。

三、粘合剂型社交人格：这类人可能并不是最有领导力的，也不是默默无闻的，但一定是非常敏感和懂得满足多方需求的人。缺点是常会委屈自己。

这类人是所谓的"和平主义者"，他们非常害怕失去以及分离，所以很爱支持他人，不愿意得罪任何一个人。他们看上去非常温柔、随和，有时也是健谈的。他们一直在为他人着想，迁就他人，口头禅就是"随便""我都可以""这个不错"。这是他们的生存策略，他们用这种方式来保护自己，并保证自己被每一个人所接纳、所喜欢。看似柔软的外表下，实际上是非常坚强、有主见的"另一个人"。

这类人非常容易成为社交达人。但是为了迎合他人，他们往往会丢弃自我，放弃输出自己的观点，慢慢内心那个坚强的自己也会被击破，变得毫无主见。建议这类人多注意倾听内心的想法，适时表达自己，让他人感受到你的真诚，从而让彼此成为真正的朋友。

如今，很多人认为社交达人是一个贬义词，代表着圆滑、世故、不真诚。其实不然，真正的社交达人应该是既让身边的每个人都如沐春风，又能坚持自己内心的想法。希望我们都能成为社交达人，提高社交有效性，实现社交需求，得到并给予他人关怀、爱护和理解。

人 生 之 签

如何做好领导

群体思维 ∽ 白金法则

✡ ✡ ✡

很多人觉得给别人打工很累，但其实当领导是一件更累且更烦的事情。很多人创业失败的原因，就是不会做领导，带不好团队。有人会说，当领导有什么难的，不就是指挥人干活吗？这个问题，就像有人说，做导演有什么难的，不就是对着演员说"停""重来""再来一遍""不行"吗？其实不然，做领导除了做很多实际工作外，还承受着巨大的心理压力，不仅有资金的压力，还有协调人际关系的压力。

其实，领导和下属的互动并不是完全受理性支配的。

员工不会完全服从领导，按照其思维模式工作，领导也通常不会以员工所期望的方式来对待他们，二者之间会产生心理预期偏差。

成为领导，固然需要高智商以及超强的工作能力，但更需要具备高情商与高共情力。管理员工一定要学会善用情商，要具备一定的自我觉察、自我管理、同情心以及良好的社交技能。

当然，不同性格的领导者有不同的领导风格，管理员工好比玩经营类游戏，但并不是一两天的"升级打怪"，而要做长久的沟通与相处，要与员工之间形成彼此信任的坚固关系，这样才有利于工作的顺利进行。

不同类型的领导在工作时分别需要注意什么？

第一类，感性型。这类领导感性、心软，很容易和下属打成一片，成为朋友。这是一种交际能力，有一定的好处，比如沟通畅通。但一旦和下属成为朋友，在工作上往往不能完全客观对待下属。这类领导不懂得划清界限，在工作中投入大量个人情感，很难完全做到就事论事，最终会造成下属没有规矩，和上级没有距离，甚至越级决策的情况。

这类领导要意识到自己亲和有余、管理不足的缺陷，增强原则性。建议在暗中观察下属，在下属需要的时候出手相助，以得到其对自己工作能力的肯定，而不是单纯和下属成为朋友。

第二类，控制型。这类领导算是非常严格的一类上司，心细挑剔，无亲和力。他们对整个团队有严格的把控，给下属非常大的压力。他们很难说出"满意"，基本上都是"糟糕""不满意""重新做"。他们的问题在于过度控制下属，所以没有亲和力。如果领导和下属之间只有严密的上下级关系，在一起工作久了，很容易出现领导独裁的情况。下属不敢说出自己的意见，只是做具体实操的人，缺乏创造力，这样是不利于团队长远发展的。

这类领导要注意，不要过于要求员工按照你的规划走，这样看似为了员工好，实际上牢牢控制住他们，不利于员工的成长，会使员工很难跳出思维枷锁，从而迸发出新的火花。

第三类，散漫随性型。这类领导机动灵活、能言善辩，人际交往能力不错，但是自由随性，一切随心情，会反复决策，朝令夕改，关键时候又不能当机立断。这样的领导者很难带出有凝聚力的团队，下属会不知所措。如果你是领导，不妨想一想，自己是否有自由散漫、优柔寡断的表现。

这类领导应务实一些，不要任性行事，所作的每一项决策都应该认真考虑与权衡。只有具备过硬的业务能力，才能赢得下属的尊重与信服，并且将这份尊重与信服转化为行动上的遵从，从而使团队的凝聚力和竞争力得到提升。

无论不同领导具体表现如何，一个好的领导最重要的是拥有管理的能力，而管理本身是从管理自己开始，如果没有办法发挥自己的优势，避免劣势，

对下属有再多的要求，也很难维护团队长期稳定的
发展。因此，一个好的领导应该学会内观，向内探索
才是解决问题的正道。

篇章 III

——

矛盾

世间万物好到极致就是坏，坏到谷底就要变好。

如此周而复始，循环往复，平衡而已。

何必要在逆境中挣扎，顺势而为，从容自在。

越来越能体会到感知快乐是对生命的敬畏，

也是一个人成长的责任。

人 生

父母反对你的
另一半，要不要
听他们的话

灾难化思维 ∽ 幸福阈值

之 签

✡ ✡ ✡

很多家长都会由于各种原因反对儿女的婚姻。父母都希望自己的孩子将来生活幸福，之所以反对，肯定有他们的理由。婚姻是现实的，是由琐碎的事情和现实的柴米油盐混杂而成的，在很大程度上消耗着我们的理想、激情、勇气和决心。所以，爱情有时很难经得住婚姻的考验。在选择将来的人生伴侣时，要考虑方方面面的因素，而某些方面可能恰恰就是你所忽略而父母会特别替你考虑的，我们需要判断这些话是否有可取之处。

在现代社会中，"门当户对"不仅仅指家境相当，更是指两个人对事物的判断和看法相近。不同家庭环境里长大的人，比如对金钱的认识、对理想生活的定义等是不一样的。婚姻幸福，最重要的是有共同的价值观和世界观，这样才能玩到一起，生活到一起。结婚时间长了，当因为生活中的琐事而产生巨大的矛盾时，两个人还能彼此欣赏、和平共处，这才是持久婚姻的保障。

在做决定时，不要被爱情冲昏了头脑，未来生活最终考验的还是双方的三观磨合度，以及面对"一地鸡毛"的心态。生活是现实的，一定要考虑清楚，多听听周围人的意见没有坏处，不要心存侥幸，做出不切实际的决定。同时，生活终究是自己的，父母的意愿只是从其自身的角度出发，难免有局限性，仅供参考，最终的决定还是要靠自己，擦亮眼睛看清楚对方是否值得自己托付终身。现实生活中，只要双方努力过好生活，大多父母都会尊重子女的选择的。

关于这个话题，我们看看不同性格的人的想法。

强调个体独立性的人比较坚持自己的想法，认定的事情很难被其他事情改变。他们会认为任何人都没有权力干涉自己的生活，尤其是感情生活，就算错了也是自己的选择。这类人强调独立个体的重要性，个体的自由意志需被充分尊重。他们认为，任何人包括父母，妄图通过将自己的想法强加给别人来改变别人的生活，是人际界限不清的表现，他们更能为自己的选择负责，并且对于选择结果很有信心。

《绝望的主妇》中的卡洛斯就是这样的人。卡洛斯结婚的时候，妻子加比要买一条价格昂贵的婚纱，卡洛斯的妈妈不同意。结果卡洛斯直接和亲妈说："我尊重你，但是如果你再对我们的生活指手画脚，你就别来我的婚礼了。"

还有一部分人对自己的判断力、自信心严重不足，主要表现在极容易受他人及周围环境的影响。这类人认为感情是非常主观的感受，承认自己很容易产生依赖心理。主观上来讲，这类人缺乏自信，需要别人肯定自己的价值；客观上来讲，这类人在物质上多半依赖父母，因此也更愿意听从父母的建议。

总有人说，结婚不是两个人的事情，而是两个家庭的事情。其实仔细想想，在结婚这个"1+1>2"的组合中，决定性部分还是"1+1"，只有两个相爱的人愿意走到一起，并且为彼此以及双方的家庭付出一定的努力，才会有和谐美满的婚姻。

父母的支持或者反对应该成为一个考量因素，不是可忽略因素，同样也不是决定性因素。一方面我们的人生当然应该由自己做主，另一方面如果看人不准就会造成不可挽回的后果，所以面对父母的反对，我们应该认真思考其缘由。经过冷静判断后，形成内心坚定的结论，一旦做出决定，就要为自己的人生负责，并且为这段关系负责。

靠关系得到工作机会，到底是好事还是坏事

关系思维 ∞ 弱关系力量

✿ ✿ ✿

　　举贤不避亲，自古就有这个说法。关系到底是不是能力的一部分，我们暂且不讨论这个问题，我们在这里要明确一点，靠人脉关系得到工作机会和能否出色地完成工作、取得成就没有必然联系。只有你通过关系得到了工作，但并不具备完成工作的相应能力，才会把自己的处境变得糟糕。我们这里讨论的是，你通过更加快速的方式得到了工作，能否做到比别人更努力、更出众。

　　不同的人靠关系得到工作之后，关注的重点会不一样。开始工作后会遇到哪些问题，如何处理这些问题，我们一起看一看。

第一类，认为关系是一种负担，担心自己"德不配位"。这类人因为一直有心理负担，不想给介绍人丢脸，所以会特别努力地工作，也会特别累。对他们来说，靠关系找到工作还不如自己去找。他们最害怕的就是能力不够，既丢自己的脸又让别人丢面子，所背负的压力是双重的。

案例：子轩大学临近毕业需要找工作，家人想找关系，让他进效益好的单位。但是子轩觉得自己所学专业和用人单位的岗位要求不符合，且用人单位要求很高，自身条件不足，即使托关系进去，也只能获得短期效益。实力不够，慢慢就会暴露缺陷，这样既会影响介绍工作的人，自己也会有压力，对长期发展也不见得有好处。

对这类人来说，关系不是捷径而是枷锁，找关系得到的工作还不如自己正常去应聘轻松。这种性格不适合通过关系介绍进入职场。

第二类，自信满满，充分相信自己的能力。这类人的心理状态是：有没有关系我都可以做好这份工作。所以对于靠关系得到工作，他们不仅不会有负担，反而会干劲十足。

案例：元元在爸爸朋友的公司实习，她的工作岗位和所学专业很符合，当时进公司的时候只有部门总监知道她是走关系进来的。她工作积极认真，对自我要求非常严格，虽然任务不多，但总是超前完成。有一天，隔壁办公室的另一位前辈过来聊天，没见过她。办公室里带她的前辈说："她爸和老总是朋友。"当时元元一愣，感觉很尴尬，因为她一直觉得自己靠关系进来的事情只有总监知道，而且"她爸和老总是朋友"这句话似乎是在暗讽她的工作能力，大家对她的印象就会变成"靠关系进来的"。之后她工作更加积极主动，要证明给所有人看，她很珍惜这份工作，也配得上这份工作，并没有因为关系而混日子。

给予这类人工作机会，不用担心他们的工作态度和能力，他们会全身心投入，也会主动给自己充电，让自己在工作中具备不可代替性。

第三类，把关系当王牌。这类人很容易因为有关系而在工作上变得懒惰，且产生优越感，这种心态就会使其处境变得很糟糕，也是对他人不负责任的一种表现。

案例：小芙留学归来，家人托人给她找了个外企的工作，她直接就去上班了。她的工作能力当然是值得肯定的，可是在相处过程中同事们渐渐发现她有一种优越感，她感觉自己高人一等，架子很大；加上她平时对自己的要求松懈，经常迟到早退，跟平级说话也是用命令的口气，有时甚至还以领导的口吻指责同事的错误。一段时间过后，与同事的关系变得很差，试用期也没有通过，最终失去了这份工作。

有这类心理状态的人还是要改变自己的认识，要知道自己获得的不仅仅是一个工作机会，更是别人对自己的信任。即便自认为关系很硬，能力也不差，可如果不能摆正心态，靠着有关系而凌驾于别人之上，最终的结果只会物极必反。

第四类，用力过猛。这类人自尊心非常高，极力要证明自己，特别害怕别人认为他们是靠关系进来的，不注重能力提升，反而将着力点都放在如何快速证明自己上。

《我的前半生》中马伊琍饰演的罗子君就是典型的这类人。在突遭婚变后，她遇到了重启人生的困境。她的工作几乎都是靠关系找的，我们回顾一下她的工作史。第一份卖鞋的工作是贺涵托关系找的；第二份工作还是贺涵帮忙找的；第三份工作终于不是贺涵找的，又是吴大娘帮忙找的，最后还能得到吴大娘的推荐进入行业精英公司辰星。遭遇婚变的罗子君把生活重点从家庭转向工作，每次进入新的工作环境，她都在暗暗发力，经历过家庭创伤的她极具爆发力，吴大娘被称作辞退助理最多的人，能在她手底下工作，可见罗子君的工作能力还是被认可的。

如果像罗子君这样最终被认可，那必然是好的结局，但切忌用力过猛，浮躁过头且不沉淀自己，很容易产生反效果。

最后，其实对于靠关系得到工作机会，如果善于运用机会并注重提升自己的价值，懂得居安思危，就会是好事；假如觉得自己有人脉关系，已经有工作了，得过且过，不求上进，那么好事也会变成坏事。任何人都不会无缘无故帮助另一个人，前提条件是这个人值得帮。无论何时，提升自我价值才是亘古不变的真理。走了捷径是你的运气，但新的征途才刚刚开始，只有配得上他人的帮助，让自己变得无可替代，才是最好的结局。

领导私下的无理要求该如何拒绝

✡ ✡ ✡

　　每个人在不同的情境中，面对不同的人会扮演不同的角色，在日常上班期间我们和领导是上下级关系，和同事之间是平等关系。虽然员工和领导是工作上的从属关系，但两者之间还是需要保持界限分明，私下还是应保留个人空间。有的领导不免有时会越过界，过度透支下属，让下属为自己做一些私事，这样很不合理。

　　问大家一个问题，领导让下属去接他的孩子放学，万一孩子出事，是谁的责任？作为员工的你能否承担这样的责任呢？

　　我相信大多数人都有一个明确的答案，肯定是不能。为什么我们要和领导保持清晰界限，心理学中如何解释这一现象呢？

　　心理学中有一个概念叫作刺猬法则，也叫作心理距离效应。这里有个关于刺猬的有趣故事：两只小刺猬为了取暖而抱在一起，可这样明显会伤害到彼此。它们折腾了好几次，终于找到了一个合适的距离，既可以相互取暖又不会被扎。这个故事可以解释何为心理距离，每个人都有自己的私人领域，如果这个领域遭到他人侵犯，我们就会觉得不舒服，并开启自觉防御模式。

　　同样，人与人交往的过程也要留有一定的余地。人与人的交往可以划分为亲密距离、个人距离和社交距离。亲密距离是距离最短的，比如夫妻、恋人、密友之间；个人距离适合于朋友、同事之间的相处；社交距离则是在社交场所中出于礼貌与对方所保持的空间距离。在工作中，我们和领导的距离就属于个人距离，假如领导私下提出无理要求，那么就是在强行进入我们的个人领域，所以我们通常内心都会很抵触。

　　大家在面对这种领导不遵守心理距离，提出一些无理要求时会以什么样的方式应对呢？

　　第一类就是直接型。很多人在这种情况下会明确拒绝，对不公正的事情会勇敢地说"不"，即使后果可能对自己不利，比如会把与领导的关系闹僵。工作时应该学会服从上级的安排，但面对工作之外的其他事情要不卑不亢。拒绝上级并非一定是坏事，许多时候反而能让上级发现我们的自重与成熟的修养与品格，让上级对我们产生敬重和钦佩，也有助于增强我们的人格魅力。特别是女性，在职场中会面对很多潜在危险，面对不合理要求一定要勇敢地说"不"，勇于维护自己的切身利益。

　　案例：白白曾遭遇过职场性骚扰。那时，她刚进一个节目组不久，节目组策划人是个中年男性，白白对他颇有敬意。有天下班后白白被叫到策划人办公室，她也没多想，觉得很有幸能跟前辈单独说话。

　　白白刚进门就被策划人问："你生日几月啊？"

　　白白说："您以前也问过，一月。"

策划人一边吞云吐雾一边说："哦，是吗？我不记得了，生日那天我请你吃饭呗，你有空吗？"

这个问题超出了白白的心理预估范围，本能地反对："不用，不用。"

"你一个人住吗？在哪里住啊？我这个人对女性朋友的生活环境很感兴趣，生活环境能反映一个人的生活品质，所以对你家里就挺感兴趣。"

白白觉得势头不对，想赶紧结束这个话题，于是再次拒绝："我家里就很普通，接待不了您这样的大人物，而且我也不喜欢家里来别人。"

策划人看白白有点惊慌，赶紧缓和气氛："没关系，你也别紧张，咱俩就随意聊点其他的，你一个月挣多少钱？"

白白心不在焉随便说了个数字。

策划人说道："以你的能力要想多赚点钱很容易，有没有想过当团队里的小领导，带领一群人工作，还能早点在这个城市安家。"

白白知晓了他的用意，果断拒绝："不好意思，我爱自由。您刚刚说的话我都录下来了，不管上级怎么看待，我也已经做好了离职的准备。"

在领导面前，我们要明确展示自己的社交距离和社交底线。面对不合理要求，即使内心已经慌张，也要坚定拒绝，不怕说"不"。如果领导的某些言行已经违法，那我们就要用法律的武器保护自己。

第二类，照单全收型。这类人和第一类人形成了明显的反差，他们会答应领导的一切要求，这种逆来顺受反而会让领导觉得自己的要求很合理。这类人的心理底线非常模糊，常常混淆社交距离和个人距离的分界线。他们很容易合理化别人的要求，从而不自觉地压抑自己的感受。

案例：小董曾经在一家公司工作。老板的孩子要去澳大利亚留学，老板搜寻了一些澳大利亚学校的资料，发给这个小董让他下班后翻译出来。小董分内的任务还没完成，但他想老板把这个事情交代给自己，就说明老板认可他的英文水平，帮老板做一点事情也没关系。结果，打开文件后他惊呆了，这份英文资料有 80 多页。但他不好意思再去拒绝，只好硬着头皮翻译。他翻译这些资料花了三天，每天加班到凌晨，耽误了很多工作，最后还被老板批评了。

这类人在工作和生活中都不懂拒绝，经常压制自我的真实需求，容易身心俱疲，生活幸福指数往往不高。希望这类人可以学着拒绝。比如，偶尔也可以让领导做个选择题，"您想要让我帮忙做私事，公事我就没办法兼顾了"。这样领导就会反思其给员工提出工作外的要求是否合理，随之放弃提出要求。

第三类，婉转拒绝型。这类人头脑灵活、思维活跃，情商比较高，应对事情有自己的一套办法，既能拒绝领导的要求又能不得罪领导，可以轻松化解不愉快的矛盾。

案例：曾经有一位咨询者静静，刚进入新公司工作不到一个月，遇到老板搬家。老板主动问她周末是否有时间帮他搬家，她既不想把周末消耗在帮忙搬家上又不想直接拒绝，就回答道："老板，真的不巧，周末我约好了人，有一些私事，但是我家有一个搬家专用的平板车，您如果需要的话我明天就拿来公司，您可以带走用，搬家用很方便的。"

既做出了明确拒绝，又提出可以在其他方面帮忙，静静的情商很高。

如果领导提出无理的要求，一定不要畏惧，更不要因为怕得罪领导就去做自己不愿意的事，要敢于拒绝。只有让领导了解到你的态度和原则，才有可能得到真正的尊重。

人 生

要不要
借给朋友钱

亲密陷阱 ∽ 认知一致

之 签

✡ ✡ ✡

　　说到借钱，先要谈到一个概念，借钱属于求助心理，也叫压力分摊。有些人借钱是因为暂时经济拮据，实在没有办法才向朋友开口，确实需要朋友的帮助，这种情况下可以考虑借给朋友。还有一种人是自己有压力，但不想独立承担，想要依靠他人，帮自己分摊压力，这种情况下就不能借。一个人在说服另一个人的时候会潜意识地从自己最在意的角度出发。比如，"最近手头比较紧，可以借我点钱吗，我知道你也不差这点钱"。

　　要不要借钱给朋友，或者说要不要借钱给熟人，是一个尴尬的灰色问题。莎士比亚有句名言："不要把钱借给别人，借出会使你人财两空；也不要向别人借钱，借进来会使你忘了勤俭。"犹太人很好地贯彻了这一点，他们在和朋友相处的时候，很少产生金钱往来。其实这是一种大智慧，因为无论你和朋友之间关系有多好，一旦没有处理好"金钱纠纷"，就有可能产生裂缝。《羊皮卷》里有一句话是这样描述借钱的："借钱给朋友，将以失去友情作为利息。"但是，在人情社会中，我们无法完全用理性来评判是否要借钱给朋友，所以常常面临不借也许会得罪人，但是借出去有可能收不回来的困境。

中国有句古话，"救急不救穷"，准确诠释了借钱给朋友的本质。我们来看看哪类性格的人可以借钱给他们，哪些不可以。

一、不可借钱：不做规划、爱花钱，经常向朋友借钱消费。不是说他们借钱不还所以不借给他们，而是他们每次借钱的原因是没有金钱规划、花钱大手大脚、不知节省；到了月底没有存款却依然控制不住自己的欲望，所以要向朋友借钱来继续维持挥霍无度的生活。

案例：小昭非常喜欢买东西，是典型的月光族，每个月都向朋友借钱，下个月还完钱没过几天又继续借钱。她向她的发小借钱，发小说："你挣得比我多，还管我借？我也没这么多啊。"她说："那你有多少先借给我，然后等你发工资了再把剩下的借我。"发小怒了："说句不好听的，你这是拿着我的钱，过得比我还潇洒啊！"

总之，常年借钱、循环透支的人，是不可借的，因为越借越让对方依赖借钱生活的模式，反而是一种恶性循环。

二、可以借钱：好借好还，再借不难。这类人重信用，要面子，他们借钱是真的遇到一时之急，走投无路，才会磨开脸、放下尊严开口借钱，不然基本不会向朋友张口。他们有原则，有计划性，借钱不是惯性，基本都会在规定期限前还钱，丝毫不拖延。

三、借钱之后容易忘记：他们不是不还钱，是借钱之后容易忘记。如果你是一个敢于开口提醒朋友的人，就借给他们；如果你不好意思开口，他们又容易忘记还钱，就不要借。

那么问题来了，如果你借给朋友钱，但是朋友一直不还怎么办？不妨和他／她说："今天我心情好，来找我还钱打 98 折。"

要不要接受
改过自新的前任

损失厌恶 ∽ 向来我属

✡ ✡ ✡

分手后我们可能会遇到一个问题：前任改过自新，请求重新开始，要不要重拾恋情？

在什么情况下，我们会对自己的习惯和行为进行调整？就是在我们认识到自己的错误，并开始反思的时候。在没有认识到错误之前，每个人都会认为自己的行为没有到必须要调整的阶段，只有当经历了重创或者不可改变的失败之后，才会重新审视自己。关于这个话题，改变是其中的一个关键词，原谅也是。

恋爱中的人都希望能够改变对方，但最终也许会因为一些无法调和的问题而分手，但如果对方改变了，我们可以和他／她重新开始吗？

我们看看哪种性格的人会真正学会改变，以建立重归于好的基础，可分为四组来看。

一、善于反思但嘴硬型，这类人认识到错误很容易，但要他明确承认自己有错很难。

他们总能迅速知道自己的问题，其实已经在心里默念"我要改变，我要改变"，但他们不喜欢低头，要面子属第一名，在道歉这件事上总是难以开口，即使有错在先也不主动向对方低头。在分手后会过很久再回头找对方，因为他们需要很长时间承认自己错了。对于这类前任，要看他的行动是否改变，而不要要求对方口头上的服软。如果行动真的在改变，还是可以给机会的。

二、不懂反思型，不会反省，很难认识到自己的错误。

这类人比较自我，很难站在别人的立场上考虑问题，当然也很难认识到自己的错误。他们喜欢合理化自己的缺点，通常缺乏反思。他们最常说的话是："虽然我有问题但都是你逼迫的""我有问题你就没有吗"。不会向内反思自己，总是从外部寻找原因，因此也很难真正做出改变。但这类人也是最希望和前任和好的，因为他们往往不认为自己在感情中有什么需要改变和进步的，也不认为两人的感情有问题，就算有问题也绝对走不到分手这一步。所以如果你遇到的是不懂反思型的伴侣，和好容易，想要改善关系真的很难，还是要慎重。

三、迅速成长型，这类人一旦认识到错误，就会迅速地调整和改变。

这类人相对来说是最容易改变和灵活度最高的人，只要分手的原因是在两人之间（比如因为性格不合，而不是有外遇），他们会迅速沉淀且调整自我，找到问题的关键。一般来说，分手之后他们需要冷静期去梳理自己，接着会用非常理性的方式向伴侣表达自己的反思过程和双方之间的问题，并提出解决办法。爱反省、爱成长，会主动反思自己，有责任心和担当，如果你的前任是这样的，还是可以给机会的。

四、索取型，这类人需要先看到对方的努力，自己才会努力。

虽然他们能够认识到自己在情感里的错误或问题，但是总觉得对方要先改变点什么，他们才愿意做出改变。索取型的人会更在意对方的付出，所以是否可以和好完全要看你的感受。如果你愿意带领他们共同进步，那你付出一分，他们也会付出一分；如果你觉得很累不愿意继续付出，他们看不到你的努力是不会主动努力的。久而久之，感情会被拖到一个双方都很无力的境地，就算复合也没有什么意义。

面对请求复合的前任，还是要结合当下的情境，具体问题具体分析，希望大家都能找到真爱，或许是前任，或许是未知的他 / 她。感情这种事你想过一万种结局，最终还是会出乎你的意料。在两性关系中，最重要的是互相尊重。无论是否接受改过自新的前任，都要确保对方是真的愿意爱护你，只有彼此尊重、彼此付出的关系，才能够走得更加长久。

如何化解婆媳矛盾

敌意化投射 ∽ 自我度量

✡ ✡ ✡

聊一个敏感的话题，婆媳关系。婆媳关系属于人际关系的一种，这是对儿媳妇的考验。如果处理得当，一家人其乐融融；如果处理不好，老公两头为难，家庭关系也不会融洽，因此学会恰当处理家庭中的婆媳关系很重要。

那为什么婆媳明明是一家人却会有隔阂？一方面是婆婆对儿子有依赖，担心儿媳妇抢走儿子对自己的关爱，母子关系淡化；另一方面是妻子对老公有占有欲。二者对一个男人的争夺之战，就引发了婆媳问题。

解释大多数婆婆的心理涉及心理学上的一个概

念——分离焦虑。分离焦虑指的是婴幼儿与某个人产生亲密的情感联系后，在要与之分离时，产生伤心、痛苦等情绪，以表示拒绝分离。分离焦虑在不同阶段会有不同的表现，体现的主体也不同。不论是孩子，还是成年人，都会有分离焦虑。例如，孩子缠着妈妈不让她出门工作，做任何事情甚至上厕所必须妈妈陪，这就属于分离焦虑。儿子长大后成家了，这种分离焦虑就会转移到母亲身上，因为另一个女人的出现，母亲担心和儿子的分离会使儿子忽视自己，从而与儿媳妇产生矛盾。

除此以外，还涉及另一个问题：边界意识。人与人之间需要保持基本的安全距离，但大多数婆婆很难有边界意识。长辈们会认为其有权力介入晚辈的生活，而越是如此越容易激化年轻人的边界意识，体现在婆媳关系上，就是大部分年轻夫妻在婚后都尽量与父母分开住。

由于两代人的价值观念、生活方式、消费理念等存在差异，如果长时间生活在一起很容易产生一些细节问题，而且很可能会被放大，引发矛盾，确实不利于家庭关系和谐，所以无论是长辈还是晚辈，都应该有明确的边界意识。

那么在面对婆媳问题时应该怎样处理？我们将婆婆分成四种类型来看。

一、不甘落后型婆婆。这类婆婆心态非常年轻，一直觉得自己紧跟时代，所以夸她们有品位或时尚比夸她们漂亮还有用。儿媳妇还要记得多给这类婆婆送一些最潮的礼物，带着她们买潮流的衣服，一起玩流行的游戏，教她们一些流行用语等，这样一定可以促进婆媳关系的融洽发展。

二、敏感玻璃心型婆婆。这类婆婆比较心细、敏感，如果你的婆婆是这样的性格，那么你一定要注意自己的说话方式，尽量不要开玩笑，小心婆婆将玩笑当真。对于婆婆的"好意"，哪怕你不喜欢也不要轻易拒绝，玻璃心的她们接受不了拒绝。

案例：有个婆婆邀请儿媳妇早晨起来和自己一起晨跑，儿媳妇果断拒绝，还开玩笑说婆婆"不让自己睡懒觉是不心疼自己"。婆婆感觉特别受伤，心想"我怎么就不会心疼人了，拉着你晨跑是为了让你更加健康"。

要注意和这类婆婆的交流方式，一定要婉转，不要太直接，而且要多多关注她们的情绪变化，她们是非常情绪外露的。

三、计较得失型。这类婆婆很在意得失，比如哪些是她们家的东西，哪些是你的东西，她们出了多少钱，你出了多少钱，对于这些细节，她们会记得特别清楚。

案例：小娜的老公送给小娜一条很名贵的狗，小娜就经常把狗放在自己娘家，让自己的妈妈养，结果婆婆就不舒服了。婆婆说："哪天有空把狗接回来吧，放在我这里养，毕竟是我儿子给你买的。"

面对这类得失心很重的婆婆，儿媳妇不妨主动多付出一些，不要让她们觉得吃亏。

四、耿直爽朗型婆婆。这类婆婆讨厌虚伪，与其虚假恭维，不如简单直接地表明态度。如果你说话很虚伪、不真实，这类婆婆是没办法真正接纳你的。她们对家里人说的话是真心还是假意，看得非常清楚。所以，在她们面前做一个讲道理的耿直儿媳妇，会比较容易得到她们的信任。

案例：有个婆婆来儿子所在的城市看望他，事先没有告知小两口，想给儿子和儿媳妇一个惊喜。当天正好是周六，小两口睡懒觉是惯例，婆婆早上9点到了，摁门铃摁了半天，没人开门。她给儿子打电话："我在家门口，你们不在家呀？"还迷糊着的儿子说："在呢，这就开，没听见。"其实俩人是睡懒觉没听见，但这种生活方式在婆婆看来是不健康的。小两口抓紧时间收拾好，还装出早就起床的样子。这哪儿逃得过婆婆的法眼，趁儿子不在身边，不经意地问儿媳："你俩早上吃饭了吗？"儿媳说："嗯嗯，吃啦。"婆婆就说："那洗碗池子里干得一滴水都没有，要是吃了能不洗碗吗？"儿媳赶紧说："哦，我们吃的外卖，吃完后垃圾都扔了。"婆婆也没说啥，过了一会儿，儿子过来了，婆婆就问儿子："早上吃饭了吗？"儿子："我俩都没吃呢，准备订外卖。"婆婆非常生气，儿媳当场无地自容。

所以，在面对这类婆婆时，一定有什么就说什么，撒谎逃不过她们的眼睛。即使知道说真话后的坏结果也要说真话，而且最好表明自己做事的真实动机。诚恳与真实比什么都重要，这类婆婆可能脾气比较暴躁，但是火起来得快去得也快，不会记仇。

虽然婆媳关系是家庭关系中最难处理的，但只要我们用心去了解彼此，积极主动地维护关系，了解婆婆的性格特点，就一定能够拥有圆满融洽的婆媳关系。

人 生

为什么你总是招小人

达克效应 ∽ 情绪智慧

之 签

✡ ✡ ✡

　　很多人在职场上最常碰见的一个问题是遇到小人，即总是遇到跟我们过不去，给我们制造困难或者压制自己的人。职场上有与我们不对付的人在所难免。君子坦荡荡，小人长戚戚。大家不要幻想小人不存在，而是要找到对付他们的方法。

　　什么样的人容易招惹小人的记恨呢？我们分成四种类型来看。

　　一、耿直外露型。这类人性格开朗，思维模式很直接，心中所想会自然地宣之于口，很容易被小人抓住性格要害，也容易得罪小人。

这类人的优点在于直接爽快，缺点当然是口无遮拦。在职场中，无论对方是领导还是同事，这类人在日常交流中都是有话直说，不知变通。他们性格爽朗，做事风风火火，爱憎分明，有什么不爽会直接倾倒出来，所以容易让看不顺眼的人对他们暗箱操作，落井下石。建议这类人要注意表达方式，考虑到周围人的感受，适当收敛自己的情绪。

另外，一般来说，他们比较大方，不爱计较，还是很容易被大家喜欢的。直爽的他们容易招腹黑的小人，越高调开心，小人越生气。如果让这类人做什么来改变总招小人的状态，那就是学着低调和谦虚一些，也许会有所缓解。

二、八卦型。这类人心眼不坏，但是好奇心重，喜欢谈论八卦，容易得罪人。

他们比较喜欢社交，一般来说是不容易招小人的，但是他们爱谈论八卦，有时候很多事情自己都没了解清楚就传播出去了，容易被人抓住口舌漏洞，从而让自己变得很被动。他们很容易敞开心怀，但是俗话说"逢人且说三分话，不可全抛一片心"，言多必失。这类人避免招小人的方法之一就是注意不要被抓住话柄，聊八卦也要适可而止。

他们也喜欢和人谈心、讲道理，建议多倾听、少传播，这样听者有心也没有机会了。

三、保守死板型。这类人不懂变通、太过死板、人缘一般。

工作上除了严格地按照规章制度执行外，有时候也需要我们灵活应变。这类人会比较执拗地坚持自己的原则，让周围人觉得很累，没办法放松下来。他们还特别挑剔，追求尽善尽美，绝不容忍他人破坏定好的原则。有些时候，这类人的不近人情会导致其被小人记恨。

其实对这类人来说，优势在于有原则，能够和他人保持适当的距离，但缺点在于情商较低，容易给他人造成压迫感，应在与他人沟通的时候尽力保持谦和。所以这类人在职场上要多注意说话方式，不为难他人，才是不为难自己。

对这类人来说，遇到小人最好的处理方式就是把精力更多地投入工作，清者自清，做好自己本职工作，省下那些和小人斗争的时间，以此来提高自己，一些谣言自会不攻自破。

四、敏感讨好型。这类人属于讨好型人格，敏感，不太敢表达自己的真实感受。

这类人在职场上很容易吃得开，因为他们很敏感，懂得权衡利弊，知道每个人的好恶，希望通过自己的付出换得所有人的认可，所以与各种性格的人相处都很融洽。他们内心柔软，脾气好得出名，但从另一方面看有时会做事犹豫，没有原则，这便让小人有机可乘。在他们被小人中伤后，总是会动之以情，晓之以理，不断解释，但往往越解释就越无法摆清自己的立场和原则，从而深陷其中。碰到小人后，建议果断打断他们的不合理言行，有底气、坦诚地说出自己的想法，不要无原则地妥协纠结。合理地看待问题、表明立场，这会增加一个人的气场，不卑不亢、掷地有声，才是有理的表现。

对待小人，我们要把握一个尺度，既不能离太远，也不宜靠太近，即我们要听懂他人话语的真正含义，也要能准确又不伤害他人地表达自己的想法。其实，小人那点把戏谁看不出来？只是不想揭穿罢了，更愿意保持自己的善意，以善待人，不想让自己变得像他们那样。

篇章 IV

——

愛

喜欢是快乐，
爱会有绵长的痛苦。

但爱能给予你的快乐，
是无数的喜欢也无法做到的。

如何区分对方是真的拒绝你还是有难言之隐

期望错觉 ∽ 心智成熟

✡ ✡ ✡

先来看看我们为什么会害怕拒绝别人，为什么怕说"不"？无论是不好意思拒绝他人，还是想拒绝但拒绝不了，怕说"不"的心理原因可以归结为以下两点：

一、被拒创伤。对于怕说"不"的人，在过去的经历和人际交往环境中，一定存在很多的"不许你……"的场景。在"不许你……"的氛围下，人的思维和思想被制约，难以发挥自主性和创造力，其所作所为在无形中被一种势力控制着。总是受到"你不能……""你不要……""你如果不……就会……"的指引，脑海中充斥着与"不"相关的内容，为达到"不"之要求和避免违犯"不"之惩罚，性格中会渐渐形成对"不"的高度敏感，不得不服从所谓的"权威"，但同时又厌恶和敌视"权威"的"不许你……"，从而陷入"不也不是，是也不是"的焦虑。这是人在文化禁忌的影响下，害怕被拒绝的原始创伤。

二、依赖与分离焦虑。人都有依赖性或依赖情结，只是依赖的对象、性质和程度不同而已。人的依赖情结与分离焦虑高度相关，即你对某人／某物过度依赖，必然伴有恐惧失去他／它的焦虑。这份焦虑不仅指母婴分离的原始焦虑，还指人进入社会后对仿效者的依赖与分离焦虑。因为在一个人的意识成长中，是很需要重要关系人物予以其人格方面的精神关注与肯定的。如果一个人没有获得足够认可，在他心里会埋下被忽视的自卑的种子，并产生寻求重视的渴望。

在被拒创伤或分离焦虑的作用下，一些人在感情中会出现躲躲闪闪、远远近近的表现，最终拒绝对方。他们/她们的拒绝可能是害怕进入一段感情，担心这段感情没有善终，自己受到伤害；或者是不确定喜不喜欢；或者是不好意思拒绝，怕对方受到伤害。这种情况下的拒绝就可以再争取一番，用实际行动和时间打消对方心中的顾虑，或者是明确对方是因为怕说"不"才拒绝，这样我们也得到了一个明确的答案，得以尽快走出这段感情。

如果对方是目标明确、性格干脆、爱憎分明的人，明白自己想要什么，更知道自己不要什么，那么他们/她们的拒绝就是明确的拒绝，并没有什么难言之隐，不喜欢就是不喜欢，时间也不会让他们/她们动摇和改变。如果他们/她们已经明确不想和你谈恋爱，你还继续穷追猛打，最终结果就是成为备胎或者"炮灰"。

其实，喜欢你的人永远不会让你不确定他/她是否喜欢你，所以不用那么担心对方到底喜欢不喜欢你，喜欢你的人会自己走到你的身边。

分手后要不要继续做朋友

反向形成 ∽ 理性

✡ ✡ ✡

很多恋人经历朦胧暧昧期和热恋期后，会败在依恋与独立期。随着感情逐渐趋于稳定，至少一方开始寻求独立，想要更多的时间做自己的事，另一方就会感到被冷落。在寻求独立和寻求依恋的对立关系下，如果二人不能达成一致可能就会分手。那么分手后还能继续做朋友吗？

关于这个问题，康永哥在《奇葩说》中有自己独特的见解，他说："我觉得情人分手之后还可以做朋友，是因为我觉得人生有很多珍贵的机会。我们很少能够真正得到一个很棒很棒的朋友。他们是在我们人生非常狼狈、难堪、不想要装坚强的时候，在他们面前依然能够放松，依然能够做我们自己。我们在他们面前不用强颜欢笑，不用装坚强，不用装高贵，相反，我们可以很脆弱、很丑、很丢脸，他们都依然好好地陪在我们身边，这个叫作最好的朋友。"

　　作为对立面，有人谈到相反的看法，大意是说，与前任的告别，是对今后那个陪伴你的人的尊重。即便互相亏欠，也不再藕断丝连。从朋友到恋人就是将中间隔着的那层纸捅破。那么当一对恋人分手后，想再做回朋友，别说弥补那张破碎的纸，纸还有没有都不一定了。所以对于前任，不再干涉既是对前任的尊重，也是对曾经付出的感情的尊重，更是对现任的尊重。

　　这两种观点都有合理性。仁者见仁，智者见智。一种认为分手后可以继续做朋友，把对方视为知己，因为曾经的共同经历让双方存在继续做好朋友的可能性。另一种观点从互相尊重的角度出发，认为分手就意味着绝交，杜绝藕断丝连，这是对过去和现在的尊重，立足当下才是最重要的。

　　决定是否走到一起是两个人的事，分手后是否保持联系、继续做朋友还是两个人的事。关于分手后两个人能否继续做朋友这个问题，可以运用心理学知识来分析。

　　每个人都会对一段关系有定位。这种定位有物理层面的，即人与人之间相处的亲密程度以及时间密度。比如我把我和你定位为男女朋友关系，与把我和你定位成好朋友关系，所要做的事情和所花费的时间是不同的。还有更重要的一个层面，就是精神层面，对于更亲密的关系，我们会用不分离原则来约束这段关系，即不会考虑到自己会和对方分开，所以会迫使自己妥协，做出改变，包容对方，无限接纳和理解对方。

　　两个人在一起后，在精神层面，我们会在心中定义不想和对方分开；在物理层面，我们会频繁见面和亲密相处。而分手后，我们首先会从物理层面重新定位彼此，比如从天天在一起的密度变为不经常见面或者切断联系的密度。为什么会如此？因为在精神层面，我们还难以快速放下，只能从物理层面寻求解决的方法。

所以，面对分手之后要不要继续做朋友这个问题，要先确定自己在精神层面能否与对方保持舒服的距离，或者说是否依然需要对方。如果觉得不再需要对方，就很难做朋友；如果依然认可对方的价值，就较容易做朋友。

分手后可以做朋友，有以下这些情况：

一、情感中边界意识比较淡薄，不当恋人还可以当朋友。

这类人大方爽朗，不会把前任和朋友区别对待，和这类人恋爱与同他们做朋友感觉区别不大。因此在分手之后他们会自然认为做不成情侣还可以做朋友。我有一个朋友，直到现在还跟前前任男友和前任男友联系，三天两头聚一次，彼此之间并不感觉尴尬。

二、彼此欣赏，仍然可以做朋友。这里的欣赏其实是有价值含义的，价值有两点。

第一是精神价值，更准确地说是交流价值。我的一个朋友时不时就和她前男友打一小时电话，互诉一下自己的现状。我觉得很好奇，问她为什么一定要打给他？她说："这么久了他依然是最理解我、最懂我、最能和我一起分析人生的那个人，虽然我们不适合在一起，但这么久过去我们找不到谁可以替代对方在精神上给自己支撑。"这对曾经的恋人不只是变成了朋友，还变成了知己。

第二是现实价值，不得不承认一部分情侣关联着双方的工作事业，甚至社交圈子。他们在恋爱初期往往会考量彼此的现实生活是否契合，因此会带着对方参与自己的生活。当这类情侣分开，他们调整关系的速度会很快，而且会非常理性，会继续保持朋友的关系，继续共享社交圈。

三、友情模式。友情模式是心理学家根据脚本理论（Script Theory）得出的结论，这个理论的意思是有些情侣在恋爱前就已经拥有深厚的友谊，所以在一段关系结束后，他们更容易轻松地回归到朋友关系，就像《老友记》

里的 Ross 和 Rachel。

分手后绝对不可以做朋友，有以下几种情况：

一、要么做恋人，要么做陌生人，分手后就决绝地切断所有联系。这类人认为爱情可以从友情发展而来，但是却不能返回成友情。他们总是能够干脆地一刀两断，态度坚决。在一起的时候会好好珍惜，全身心投入，不论什么原因，分开了就是结束了，也不会给自己和对方留着回头的余地，属于比较简单的一类人，不会和前任纠缠不清。曾经有一位咨询者，是个有情感洁癖的女生，她认为和前任做朋友就是给自己随身安装一颗不定时的报警器，说不定哪天就会想到烦心的过去。

二、出于对现任的尊重。在咨询的时候我发现有些人在自己或前任单身的情况下还是可以做朋友的，一旦自己或对方有新的恋情便会迅速划清界限。他们不想和前任继续以朋友的名义打扰彼此的生活。

三、不会处理复杂的情感关系。把曾经深爱过的人转化成普通朋友，甚至看着对方再恋爱，并不是每个人都可以做到的，需要很强的自我调节能力和情商。彼此太过了解对方，甚至对彼此的朋友都非常熟悉，为了避免不必要的尴尬，不做朋友是最好的选择。

在这里，我要指出有一类人，他们并不需要思考这一问题，而是不宜与前任做朋友。

面对感情容易纠结的人，不适合和前任做朋友。容易纠结的人在感情中经常摇摆和犹豫，他们一般不会随便谈恋爱，一旦爱上就无法忘记。他们分手后久久不能释怀，放下一段感情往往需要非常长的时间，在这个过程里还会多次动摇，甚至会产生一种执念，反复思考、纠结。如果还继续和前任做朋友，他们脑子里都是以前相处片段的回放，只会令他们更分不清自己的感受与客观事实。所以，这类人不适合跟前任做朋友。

总之，我们需要理性对待前任。要在心里问自己对前任的情感定位到底是什么，从物理层面和精神层面考虑"是否需要对方以知己或好朋友这一角色而存在于以后的生活中"。并不是每段关系都能有一个完美的结局，希望大家都能做出对两个人来说最好的决定，只要能不留遗憾，就是最好的决定，不是吗？

你为什么总是被当作备胎

冒名顶替综合征 ∽ 自信自尊

✡ ✡ ✡

　　怎么判断自己被当作备胎了呢？最明显的表现就是对方在交流中非常敷衍，回答一般是"哦、嗯、对、是吗、呵呵、我睡了、在洗澡、那天没时间"等，在不感兴趣中透露着疏离感。那么，我们从心理学角度，来看看甘心做备胎的人是怎么想的吧。

　　第一个原因：自我价值感低。举个例子，在地上捡到一本书，去书店精心挑选一本书，在网上预订一本限量版的书，哪个价值更高、更容易被人珍惜？答案肯定是最后一个。很多人在情感关系中总是贬低自我价值，总认为比我好的人很多，我一定不是对方最优的选择，害怕成为别人的负担，更不敢奢求对方花费时间和精力来照顾自己，这样就容易不被对方重视。

有以下几类人会存在这种问题：

第一类，过于懂事型。把别人的压力放在自己身上，主动提出从朋友开始，细心付出但不要求对方给自己明确的答复。这类人总是会帮对方找原因，把暧昧当真心，自动把自己划分在备胎的位置上。

第二类，过于独立型。这类人生怕自己成为别人的麻烦或负担。他们往往很难直接地表达自己的需求，担心别人眼里的自己不够完美，又过于要强，自己能做的事情就全部揽下。口头禅基本是"没事，我自己可以"。在两性关系里默默地承担了太多，无法达成互动关系，从而成了别人的备胎。

从心理学的角度分析，自我价值感低的人在成长过程中的需求很可能被长期忽视，从而导致非常不自信，也不懂得如何在一段关系中求得平等和平衡，只是一味委屈自己或者盲目付出，难以维持正常的交往关系。

第二个原因：错过关系升级的时机。没有在最适合的时候抓住改变彼此关系的时机，很容易成为备胎。存在这个问题的几类人有：

第一类，玩心太重。这类人喜欢是真的喜欢，但很难给对方安全感。从深层角度分析，他们有很强的逃避心理，很难对一件事有责任感和长时间的关注度，因此自然而然被对方放在备胎的位置。

第二类，自我，不关注对方感受。他们对喜欢的人会付出一切，不管你是否想和他在一起，他们都会按照自己的方式对你好。很多时候，这类人给予对方的并不是对方真正想要的，但他们很难看到别人的需求，因此常常付出很多，别人却觉得是压力，不得不把他们放在备胎的位置上，让彼此保持距离。

第三类，反复纠结，难做决定。好不容易决定离开的他们，会因为对方的一句话而心软，继续当备胎。所以这类人要立场坚定，当断不断，必受其乱！

第三种原因：深陷其中，无法自拔。由于一味付出，恋爱沉没成本逐渐增加，舍不得放弃，在情感里逐渐失去自我。这类人在感情中只会一味地对对方好，让对方觉得自己召之即来，挥之即去，不知道珍惜。

这类人很缺乏安全感，遇到对自己有好感的人，会把对方当成救命稻草，而且不懂守住原则和底线，反而很快暴露对对方的需求和渴望，容易被当作备胎。

被当作备胎时，我们要么改变自己，要么转身离开。无论是通过换身装扮、换个发型等改变外表来让自己自信起来，还是通过改变对生活的态度，去做自己喜欢和擅长做的事来让自己充实起来，只有当你更加热爱生活，投入更多精力到生活中，你才会变得富有魅力，富有生命力和吸引力，生活也会更加爱你，你也会遇到真正合得来、值得走下去的人。

为什么
伴侣突然冷暴力

孤僻 ∽ 认同自己

✿ ✿ ✿

所谓冷暴力，顾名思义，它首先是暴力的一种。不同于显性暴力，它是指双方发生矛盾时，一方把语言交流降低到最低限度，采用躲避、忽视、疏远、冷漠等一切不负责任的方式来处理问题，对另一方进行精神上的折磨和摧残。

冷暴力可以分为以下四个阶段。

初级阶段：他 / 她突然某一天变得很忙，对你的关心大不如从前，两人见面的次数逐渐减少，聊天中的语气词变少，有时甚至过很久才回复消息，当初的秒回已

经是奢求。

中级阶段：你开始按捺不住，询问他／她最近是否遇到什么事，为什么对自己爱答不理。对方通常会象征性地安慰一下你，告诉你不要胡思乱想。

高级阶段：由于感受到他／她明显的敷衍和反常，你的内心活动开始增多，于是胡思乱想："他／她到底在想什么？""是不是不喜欢我了？"二人陷入僵持。

最终阶段：你实在无法忍受，说出分手，其实内心只是想借此挽回对方，不是真的想分手。而使用冷暴力的一方又很纠结，态度模棱两可，不拒绝也不接受，一直吊着你胃口。

这种现象在心理学中被称为筑墙逃避，指的是人们不知道如何处理问题时，往往会把自己的心锁在一个城堡里，这是冷暴力的根本心理原因。冷暴力的表现形式常常由不同情形和不同人的性格特征而变化。相比女性来说，男性在感情上的逃避性更强，抗压能力更弱，更爱采用冷暴力的方式来处理问题。他们到底在逃避什么？

第一种情况，不喜欢了又不知道如何开口——逃避责任。逃避责任的人很爱说"想一想"。他们要想一想的时候，绝对就是在敷衍。他们确定喜欢的人时从来不需要想，确定不喜欢你或者觉得和你没可能了，才会需要想一想。他们就是要用冷暴力逼你分手，别相信他们突然的冷淡是因为累了，就是不喜欢你了或者有新欢了。逃避责任的人不会主动说分手，只会保持冷漠，然后逼你分手。

第二种情况，有压力但不懂得如何释放，也不知道如何与对方相处——逃避压力、脆弱。逃避压力的人发现对方和自己意见不合时就会变得敏感脆弱、心情糟糕，不说话，还会直接忽视对方。他们会选择消极逃避，比如宁愿天天玩游戏，也不给对方发一条信息。

案例：嘉嘉和男朋友恋爱六年，嘉嘉觉得该谈婚论

嫁了，男朋友却没有明确的态度，总说再等等，等他的事业再好些，可以提供给嘉嘉更好的生活。二人就这么僵持着，男朋友慢慢地开始冷落嘉嘉，但他并不是有意为之，可也不会积极改变，最后二人的感情消耗殆尽，就好像从未认识过一样。

第三种情况，本意不是对你冷暴力，只是最近想独处——逃避现实。逃避现实的人活在自己的世界中，不太考虑感情中对方的感受。想要独处时他们会径直陷入沉默中，但是也不会和对方说出自己的想法。

凡是尝试用冷暴力去解决矛盾的人，都是在感情中缺乏责任感的人。冷暴力极有可能彻底地摧毁一段感情，既然曾经因美好的感觉而在一起，就要在这段关系中承担起自己的责任。在矛盾发生时要试着调解，冷静分析问题，而不是采用冷暴力去折磨对方。

人 生

现任对前任念念
不忘，该怎么办

过度理由效应 ∽ 分寸

之 签

✡ ✡ ✡

自我扩张模型提出，人们具有自我扩张的动机，即通过扩张自我来提高自我效能的动机。简单地说，处于恋爱关系中的双方可以看作一个"我中有你，你中有我"的整体。当这段关系破裂，你会感觉如失去了自我的一部分。这个自我缩小的过程往往很痛苦。比如，A 看到他朋友家里的画板和颜料，他虽然不会画画，但是会激动地说"我女朋友也会画画"，好像他会画画一样。

在一个试验中，被试者被要求区分描述其和配偶的性格特质的词语，被试者往往会混淆其和配偶的某些特质，在听到某些词时，反应时间也会拉长。产生这种情况的原因是什么？可能的解释是，你的自我已经吸收了另一半的很多元素，两个人逐渐融为一个整体了。

很多人对前任念念不忘主要原因是不愿放弃那个不该喜欢的人，却又身陷一段不开心的感情不能主动脱离。电影《夏洛特烦恼》里，男主角现实中和妻子过着柴米油盐的普通生活，妻子并非他最初喜欢的人。逝去的青春搅动着男主角那颗渐渐老去的心。他念着一个曾经有过交集或者有过可能的女孩子，往事一幕一幕，心思一茬一茬，午夜梦回时想着要是能够再见一面，发生些什么，圆上一个念想，该有多好。

还有很多人对前任念念不忘不是因为忘不掉记忆中的那个人，而是忘不掉记忆中那个为爱奋不顾身、全情投入的自己。

另外，对前任念念不忘，也有可能是缺乏安全感的体现，因为从心理上说，沉浸在过去的幸福里比勇敢地走出去寻找新的幸福，安全多了。

我们把对前任念念不忘的人分成三种类型：

一、追忆型，这类人通常是在心中默默回忆，虽然明白感情已经成为过去式，但就是难以从记忆中走出。

加西亚·马尔克斯的《百年孤独》里有一段话是这样写的："他们星期天在野地上五百米的高空相爱，看着地上的人影愈变愈小，愈觉彼此心意相通。她时常和他说起马孔多，仿佛那是世界上最幸福最恬静的市镇；说起一座满溢牛至芬芳的大宅，她愿与一位忠贞的丈夫在那里相伴终老，生下两个野性十足的儿子分别叫作罗德里戈和贡萨洛，绝不叫奥雷里亚诺和何塞·阿尔卡蒂奥，还要养育一个女儿名叫维吉尼娅，绝不叫蕾梅黛丝。她思乡情切，念念不忘被回忆美化的市镇，加斯通便明白若想娶她必须带她去马孔多生活。"

经过时间的沉淀，过去的一切都会蒙上美好的颜色。因为得不到，所以更加怀念，心中难以割舍。

二、纠结型，这类人一方面留恋前任，另一方面又不舍现任，什么都想要。这种人非常纠结，他们心中明白过去的已经过去了，再无可能，但就是无法从上一段感情的沼泽中挣扎出来；与此同时，他们又舍不得放弃现在身边的人，觉得现任似乎也不错。这种人最终只会证明他们不过是最爱自己罢了。

他们活在梦幻的泡泡中，念念不忘那个被回忆美化的他 / 她，在心里和前任藕断丝连。理性下是感性的纠结和左右摇摆，并不是前任太好，而是他们想不开。

他们总是认为，"曾经拥有就永远都是我的"。如果是前任提出的分手，他们因为自尊严重受损，会对前任念念不忘。分手后他们会努力变得更好，光鲜亮丽地出现在前任面前，看到前任后悔，他们才会对这段感情彻底忘怀。如果是他们提出的分手，他们会关注前任的感情状况，对比前任现在的伴侣和自己，看看谁比他们好，谁没他们好。

三、固执型，这类人坚信前任就是最好的，他们心中最爱的永远是那个他 / 她。

在这类人心里，即使分手了，前任还是他们的责任，如果前任有困难，他们会竭尽所能地提供帮助。对前任，他们其实很不甘心，会经常回忆和前任的过往，偷偷关注前任的动态。怀旧的他们会收集老照片、旧票根，走曾经走过的路，听一起听过的歌，触景生情，怀念那时的自己和那段时光。内心柔软的他们需要很长时间才能慢慢将回忆沉底，走出来。他们是出了名的倔强，要让他们放下一段感情，没个三年五载恐怕难以实现。

如果我们发现伴侣对前任念念不忘，先不要着急，可以尝试以下方法。

第一，保护自己，懂得自我关怀。不要将伴侣这种状态归咎于自己不够好，不要否定自己，要明白这是对方的想法，对方即使没有投入现在这段感情，他／她仍然会怀念前任，这并不是自己造成的。

第二，可以保持一定的距离，让双方都冷静下来。以局外人的身份看自己、看对方，想必会慢慢想清楚一些问题。

第三，尊重他／她的选择，也尊重自己。他／她如果爱你，就会好好珍惜你们的缘分，对彼此负责；如果他／她长时间放不下前任，两个人就应该敞开心扉说清楚，不耽误彼此。每个人都值得拥有一心一意的爱，任何犹豫和退而求其次的将就、勉强，都是对对方爱情的亵渎。

在面对一段关系的结束时，要告诉自己：我必须要面对我们已经分手的事实。接下来让自己逐渐适应和接受这个事实，慢慢治愈分手的伤痛。要和过去握手言和，向前看，未来还有新的目标和挑战。希望大家都可以在困惑中成长，不论是否要回头，我们都应该成为一个新的自己，用新的方式面对情感，而不是因不甘心而重蹈覆辙，不是吗？

如何与伴侣『吵架』才不伤感情

暴力沟通 ∽ 脆弱相对

✡ ✡ ✡

　　大家肯定都有过和伴侣产生矛盾的经历，无论起因是什么、结果如何，吵架总是一件短时间内令人受伤的行为。吵架的本质是要强调和维护自己的利益，或者是话语权的争夺。由于彼此需求不同，且短时间内无法调和，最终产生的结果就是争吵。

　　我们先要了解一个概念，就是男女的思维方式和激素水平有差异，所以在两性关系中男女对于事物的看法必定也有分歧，要学会接纳这种分歧而不是放大它。男性体内的睾丸素较多，所以他们独立处理事情的欲望会比较强。男性会觉得自己是独立的，可以独立养活家人，认为这是他们最重要的责任。女性则不同，女性体内的雌性激素较多，她们对于沟通和交流的欲望会非常强烈。女性会认为在两性关系中最重要的是自己是否被理解，情绪和需求是否被重视。所以女性更多地需要与对方交流、谈心，而男性则更多地需要个人独处的空间去消化问题。由于男女双方对于两性关系中责任分配的理解不同，双方对于"感情好"的定义也不同。

吵架这件事情不可避免地会发生，如何才能让吵架吵得有意义，而不只是一种情绪的宣泄？我们要讲到一个心理学概念，叫作三明治效应。在人际交往中，把批评夹杂在两个赞美之间从而使对方能够在轻松愉快的氛围中接受批评的做法，就是三明治效应。在对方做错事时，可以按照以下层次进行：第一层是赞赏、认同、肯定、关心对方的优势；第二层是批评、提出建议；第三层是谅解、支持、帮助、鼓励对方，使之自发反省和思考。这样的批评方法可以让对方感受到我们的善意，从而积极接受批评并改正自己的不足。

比如，当女生埋怨伴侣忘记自己的生日，没有准备生日礼物时，三明治式的批评会这样进行："亲爱的，你一向记得我的生日，最近工作太累压力太大吗？要不然你这么有心的人肯定不会忘记我的生日的。但是，今天确实是我生日，可你又恰巧忘记了，所以礼物还是要备上，你说对不？"

而数落性的批评自始至终就只是一味地抱怨和批评对方："你连我的生日都能忘记，一点都不把我放在心上，我觉得你心里根本就没有我，要不咱俩分手吧！"这样的批评方式是不是带着吵架的意味？这种方式容易让人产生防御心态，即使批评得有道理，对方也很难接受，非常容易引发争吵。

三明治效应的核心就是在轻松友好的氛围中，以赞赏关切的语气批评对方，使对方感受到信任、支持、尊重，从而让彼此都能客观理智地面对问题，化解矛盾。批评只是手段，让对方感受到你是为了让关系更好和解决问题而不是无意义的抱怨，才不会损害彼此的感情。

接下来，具体看看不同性格的人在产生矛盾时如何处理才可以不伤感情。

一、暴躁型，这类人的特征是：很难克制情绪，吵架时情绪容易突然放大或者爆发，急躁之下爱说狠话，说的都不是真心话，总是要为自己的狠话买单，常常事后后悔。这类人在面对矛盾时要尽量就事论事，不要放大情绪感受或者人身攻击。

二、情绪化型，这类人的特征是：非常情绪化，可能会因为一句话而突然感伤或者产生其他负面情绪。在生气后，不妨平心静气地舒缓两分钟，想想吵架的源头是什么，是否值得吵架等。作为这类人的伴侣，要学会给对方留有情绪缓冲的时间。如果发现两人相处还会产生类似的矛盾，需要磨合，那就跟对方多交流，表明心意。

三、讲道理型，这类人的特征是：虽然理智但是婆婆妈妈的，爱摆道理，一定要用道理说服对方，不懂给对方空间，生气时会揪着对方不放，得理不饶人。

案例：小飞和女朋友逛商场，女朋友看上一件衣服，想让小飞买给自己，但是小飞最近手头不富裕，就跟女朋友说："下次买给你吧。"女朋友说："下次也许我就不想要了，我现在就想买。"然后小飞说："首先你看，咱们出来逛街是我提的，你都不想动，现在你突然这么想消费，可能是不理智的。其次我发现你很容易冲动消费，家里的很多东西都是在你冲动的状况下购买的，性价比极低，大多数都闲置了，一时兴起买下这件衣服，以后你会后悔的。最后，这件衣服和你的气质也不太搭，显得很老气。"女朋友非常生气："我就是买个衣服，给我讲这么多道理，我连一句都插不上嘴，你还不是不想花钱？"

这类人在矛盾产生时需要多给对方说话的机会，让对方也阐明一下自己的观点，不要自顾自表达自己。

四、赌气型，这类人的特征是：固执，擅长逃避问题，喜欢冷暴力。最可怕的争吵是对方无视你或者全程不回应,坚持自己的想法。这类人很多时候虽然坚持到了胜利,但终会伤了人心。所以,这类人遇到矛盾时要积极解决,听取他人意见,不要逃避,更不要采取冷暴力。

冲动,基本都是我们体内潜在的负面情绪、欲望带来的能量催化。在与伴侣产生矛盾时,我们很容易变得完全无法思考,且不能理智判断,进而可能做出让自己后悔的选择。因此,吵架的时候,如果我们还珍惜这段感情、想要挽回对方,要把握的原则就是尊重对方,保护对方的自尊心,进行积极有效的沟通而非负面情绪的宣泄。

女生为什么
总会在恋爱中
讨好对方

内耗 ∽ 积极脱轨

✡ ✡ ✡

今天来聊一个日益显现的现实问题：很多女生从小在父母的呵护下长大，自身条件很好，站在婚恋这一人生的岔路口时却迷失了自己。她们可能把其认定的另一半视为精神信仰，心甘情愿为他们付出一切，包括精神付出和物质付出。

很多人可能不了解这些女生的想法，困惑为什么她们要贬低自己讨好另一半呢？自身条件好，挑选另一半的眼光应该高才对，怎么还会有人放低自己迎合别人呢？

我们都听过一句话：恋爱中的女人智商为零。很多女生一旦认定自己的另一半，可能就会一切以对方为先，为对方倾尽所有，满足对方一切要求。追根溯源，这与自卑心理分不开。自卑心理就是对自己的能力或品质评价过低，轻视或看不起自己，担心失去他人的尊重的心理状态。别小看自卑心理，对自己的不自信，过分看低自己，可能会产生消极心理暗示增强、嫉妒心强、心理承受能力变弱、敏感多疑等负面影响。

有自卑心理的女生主要以下几种表现：

一、总感觉对方给的爱还不够。不能忍受冷漠和被忽视，害怕孤单，对爱情的感受非常敏锐，喜欢对方时刻强调对自己的感情。表面坚强，内心软弱，想要占有、控制对方，内心极没安全感，认为金钱可以换来一切，包括感情。

二、总是迁就对方的喜好，不敢做自己。平时总是闷闷的，很被动，但为了对方会变得活泼、主动，愿意为对方做任何事，宁愿违背自己的本性。

三、无原则包容对方，怕对方随时会走掉，容易丧失自己的底线。愿意为对方无限付出，觉得能和自己喜欢的人在一起就足够了。即使对方有出轨倾向，她们也不希望影响双方的关系。对于男友说的一切，她们都信以为然。但是，我要告诉这样的女生，一定要坚守自己的底线，对方的随意勾搭就是对伴侣的不尊重，一个不尊重你的人更谈不上爱你。无原则的忍让和包容，只会更纵容对方，不会挽回对方的心。

案例：瑶瑶对于男友的一切要求都尽量满足，男友对她的外貌不满意，甚至要求她去整容。身体发肤受之父母，虽然她的内心是抵制整容的，但是男友总会暗示她已经不能满足他的外貌要求。在软暴力的驱使下，瑶瑶还是去整容了。

在这个案例中，瑶瑶为了爱情可以奋不顾身，不惜委屈自己，满足对方。但真正的爱情应该是久处不腻，如果对方因为外表而对你提出无理要求，是时候说"拜拜"

了，这样的爱情是自私的。只为满足自己的一己私欲就强迫对方做自己不喜欢的事，这不是真爱。

那恋爱中的女生为什么会产生自卑心理呢？

第一个原因是自我认知不足，过分低估自己，从而无底线包容对方。恋爱中的女生会不自觉地把自己放在卑微的位置上，生怕不能满足另一半的需求。就像一代才女张爱玲的爱情观：喜欢一个人，会卑微到尘埃里，然后开出花来。当她们真心地爱一个人时，看到的永远是爱着的那个人，愿意为他付出一切，希望当他懂得之后，就是开花结果之时。

第二个原因是由于消极的自我暗示而降低自信心。一些恋爱中的女生总是过分关注男友的动态。如果发现男友总是和其他女生聊天，不同的女生会采取不同的方法。懂得克制的女生会默不作声，旁敲侧击地跟男友谈，理性地了解真实情况；而控制不住情绪的女生可能会当场和男友大闹一场。二者虽然采取的方式不同，但事后总会有女生去反思自己：为什么我这样为他付出，他还找别人，难道是我做得不够好？这是典型的不自觉地从自己身上找毛病，心理上给自己消极的暗示，是恋爱中的女生不够自信的表现。

爱情里，女生需要有自己的原则，加强正向的自我认知，不要卑躬屈膝，一味放低自己的姿态。美好的爱情应该是彼此为对方着想，双方处于平等地位。如果男友强加其意愿于你，那么这不是真爱。希望恋爱中的女生都能摆正自己的位置，建立健康的爱情观和正确的自我认知，在爱情中遵守牢固的原则和底线。

结婚是不是必要的

依赖 ∽ 自我实现

✡ ✡ ✡

　　现代社会中，单身男女是否必须结婚是一个一直被讨论的话题。在这个大众话题之下，女性的问题在于条件越好的女生好像结婚越困难了，虽然有很多人追，但很多女生现在仍孑然一身，这到底是为什么呢？有的女生认为结婚并不是必要的，更愿意享受独立的两性关系；也有的女生愿意与对方建立长久的亲密关系，但最终却因为一些原因并没有如愿。

　　女性地位的崛起，使一部分男性感到自古以来以男性为主导的家庭关系受到冲击。但是从两性角度出发，女性和男性只是两种不同的群体，互相对立、敌对是没有必要的。在思想开放程度较高的现代社会，每个人都可以独立生存，但是每个灵魂又是孤独的，需要陪伴和寄托。结婚虽然不是必然选择，但是相对于寄情于物，传统的婚姻关系似乎更加方便有效。不过，单身男女是否必须结婚，还是要每个人进行自我评定。

有一个心理学概念叫作维护心理。如果想要长久地拥有一件物品或关系，我们会本能地启动维护心理，对此做出更长久的打算，这个过程就叫作维护心理。在生活中，对于性价比高、耐用性强的产品人们会花更多的精力去维护，力求使用周期更长；对于太昂贵的产品，大家更愿意远观却很少会购买；对于太便宜的产品，大家不会花时间和心思维护。对于感情也是如此，条件太好的女生会增加男生维护心理的负担，所以很多男生愿意尝试追求条件很好的女生，却会非常慎重地考虑是否会与之结婚。

哪些女生在情感中容易遇到困难呢？

一、独立强势型。这类女生的整体特点是强势、坚强、独立、耀眼。她们从来不会在意别人的看法，自己认定的就是最好的，丝毫不会因别人的意见而动摇。特立独行的她们永远跟着自己的内心走。对待每一次恋情都全力以赴，遵从内心，不畏后果。这类女生的问题往往在于只懂得在感情上一味地付出，很容易把男生的责任扛在自己身上，让男生觉得自己不被对方需要，久而久之男生会越来越缺乏责任心，女生会越来越累，从而双方的关系无法突破和有所进展。

二、高标准挑剔型。这类女生对自己的要求很严格，对伴侣的要求就更严格了。她们非常注重细节，如果不是同样很在意细节的男生是很难打动这类女生的，更难成为她们长久的伴侣。

三、自我保护型。这类女生往往在感情上有过失败的经历，性格慢热，自我保护意识较强，一段失败的感情足以让她们彻底把自己封闭起来，把精力全部投入到事业上。由于过分执着，这类人经常会有偏激的行为，在谈恋爱时很容易出现两个极端，要么不敢付出，要么过度付出。

性格是个体本身的存在，是无法改变的，这属于固定型思维。在一段亲密关系中，无论男性或是女性，为彼此做出一些改变，双方都有所付出才能更和谐地相处，我们从中也能有所成长，这属于成长型思维，

结婚并不是最重要的，重要的是每个人都能在不同的人生阶段调整到最好的状态面对自己、面对伴侣，无论是什么样的结果，都是我们人生最好的经历。

最好的自己不是伪装成另一个个体，是在本我的情况下做到最大的优化，尽可能地控制性格中的劣势和惰性。

图书在版编目（CIP）数据

人生之签 / 盘盘著 . —— 南京 : 江苏凤凰文艺出版
社 , 2021.11（2022.1重印）
ISBN 978-7-5594-6237-4

Ⅰ . ①人… Ⅱ . ①盘… Ⅲ . ①心理学－通俗读物
Ⅳ . ① B84-49

中国版本图书馆 CIP 数据核字 (2021) 第 172432 号

人生之签

盘　盘　著

责任编辑	周颖若
特约编辑	刘文平
装帧设计	柒拾叁号
出版发行	江苏凤凰文艺出版社
	南京市中央路 165 号，邮编 : 210009
网　　址	http://www.jswenyi.com
印　　刷	北京盛通印刷股份有限公司
开　　本	787 毫米 x1092 毫米 1/32
印　　张	7.5
字　　数	104 千字
版　　次	2021 年 11 月第 1 版
印　　次	2022 年 1 月第 2 次印刷
书　　号	ISBN 978-7-5594-6237-4
定　　价	49.80 元

江苏凤凰文艺版图书凡印刷、装订错误，可向出版社调换，联系电话025-83280257